# WIG

NCS기반

# 가모 관리학

채선숙 저

경춘사

NCS기반

# 가모(假髮, Wig) 관리학

**지은이** 채선숙
**발행인** 안중기
**발행처** 도서출판 경춘사
**등록번호** 제10-153(1987. 11. 28)

**인쇄** 2021년 3월 5일
**발행** 2021년 3월 15일

서울시 마포구 마포대로 14길 31-9
경춘빌딩 101호

**전화** (02)716-2502, 714-5246
**팩스** (02)704-0688
**www.kcpub.co.kr**

값 **20,000**원

ISBN 978-89-5895-188-9 93590

# PREFACE

## 들어가는 말

가발관리학이란 지금까지 많은 분들이 알고 있는 가모관리학을 말한다.

인간은 자신의 신체를 통해서 아름다움을 추구하고 창조하며 행복과 즐거움을 느끼며 살아간다. 이러한 인간의 심리는 미용이라는 분야를 발전시키고 인간의 욕구를 담당하는 매우 중요한 역할을 하였다. 미용은 많은 발전을 거듭하여 성장하였으며 현재 가발산업 또한 매년 발전하는 산업분야로 사랑을 받고 있다.

그동안 두피와 탈모에 대한 발전도 계속되어 많은 연구를 하였지만 가발에 대한 연구는 다소 부족하였다. 하지만 가발산업에 대하여 관심을 갖고 있는 많은 미용대학에서 교과목으로 채택되어 학생들이 가모관리학을 배우고 있다. 또한 탈모인구 증가로 맞춤가발이 늘어나고 있는 추세이며 많은 가발 전문 업체와 미용관련 업체에서 각광받고 있는 현실로 맞춤가발과 패션가발이 효자 상품이다.

현재 가발 산업은 빠르게 발전하고 현장에서는 전문 인력 부족으로 어려움을 겪고 있으며 가발 산업의 성장과 함께 전문 인력 양성이 미흡하여 시급한 실정이다. 이에 가모 분야를 전문적으로 배우고자 하는 가모관리사들에게 조금이나마 보탬이 되고자 그동안 학습한 이론 및 실기에 대한 전반적인 내용과 NCS 헤어미용 교육자료를 참고하여 준비하였다.

본서는 1장부터 12장으로 구성되었으며 매장마다 학습자의 이해를 돕기 위하여 학습목표와 평가표를 첨부하였다.

1장은 가모의 이해 2장은 가모시장의 현황과 전망 3장은 상담학 관점에서 보는 두상학

4장은 가모학에서 보는 모발생리학 5장은 탈모와 모발의 영양 6장은 가모상담학 7장은 가모 소재학 8장은 가모관리학 9장은 가모디자인학1(패턴제작) 10장은 가모디자인학2(수제방법 및 증모) 11장은 가모디자인학3(커트,퍼머,염색) 12장은 가모헤어스타일링 연출법으로 가모에 대한 기초개념과 다양한 실무과정 등을 알기 쉽게 구성하였으며 부록으로 자격검증을 위한 가모관리사 1,2급 예상문제를 서술하였다.

본서 편찬에 이르기까지 학습과 교육을 거듭하면서 가모(가발)용어 등 기존 현장실무자들의 다양한 견해 차이와 이견이 있었다. 본서는 미용교육과 가모관리사, 가발에 관심 있는 초보자에게 기초자료로 보탬이 되고자 한다. 다소 부족하고 미흡하더라도 너그럽게 양해해 주시기 바라며 끊임없이 수정 보완해 나갈 것을 약속드리며 가발 산업의 성장과 발전을 기대해 본다.

끝으로 본서 발간을 위하여 도움을 주신 한국우리머리연구소 이사님들과 출판을 위해 수고해 주신 경춘사 안중기사장님과 임직원 여러분들께 감사를 드린다.

2021년 신축년 2월 저자 채선숙

# CONTENTS

# CONTENTS

제1장

1

# 가모의 이해

| 학습 내용 | 학습 목표 |
| --- | --- |
| 가모의 이해 | • 가모의 정의 및 개념을 이해하고 파악할 수 있다<br>• 가모의 종류를 이해하고 파악할 수 있다 |
| 가모의 역사 | • 서양 가모의 역사를 이해하고 파악할 수 있다<br>• 한국 가모의 역사를 이해하고 파악 할 수 있다 |

# 01 가모의 정의 및 개념

## 1. 가모(가발)의 정의

첫째 가모는 가발(假髮)을 말하며 남의 머리털로 다양한 머리모양을 만들어서 사용하는 것으로 자기 자신을 표현하는 미적 표현의 수단으로 개인의 개성과 아름다움을 연출한다.

둘째, 일반적으로 알고 있는 머리카락이나 그와 비슷한 소재를 이용하여 만들어진 가짜모발이며 두발의 모양과 꾸밈을 의미한다.

셋째, 이는 헤어디자인 완성을 위한 장식품으로 사용목적과 용도에 따라 다양한 가모헤어스타일을 연출하는 것을 말한다.

## 2. 가모(가발)의 개념

가발은 다양한 모발형태로 서양에서는 고대부터 많이 사용한 장식용, 분장용(영화, 드라마), 의례용(위험을 나타낼 때), 법관용등으로 특정 직업을 상징하는 가모(가발), 한국 전통머리에서 사용되었던 가체(다리) 을 뜻한다. 현대에 사용되는 가발은 개인의 개성과 특성에 맞게 만드는 맞춤가발과 아름다움을 추구하는 젊은이들이 선호하는 패션가발등 다양하다. 또한 만드는 소재나 사용 목적에 따른 디자인, 부착 방법 등에 따라서 가격의 차이가 많이 있는 실정이다. 이에 사회변화에 따라 많은 욕구 표출을 위한 방법으로 자신의 욕구를 충족시키는 표현의 수단으로 가발은 다양하게 사용되어지고 있다. 더불어 인간의 미에 대한 욕구는 영원히 변화지 않을 것이며, 가발에 대한 욕구 또한 끊임없이 변화할 것으로 추측된다. 이 또한 가모 헤어스타일의 변화를 통해서 심리적 안정과 개인의 만족도 및 삶의 질을 높이는데 보탬이 된다.

## 3. 가모(가발)의 종류

### 1) 붙임머리

붙임머리는 퍼슨의 연구개발을 통해 만들어낸 신기술법으로 청결한 제품으로 만들어 졌다. 모발이 짧은 여성들을 위하여 간편하고 편리하게 긴머리를 원하는 여성들을 위하여 개발하였으며 현재는 남녀노소 모두가 선호하고 있다. 탈색한 모발 대용이며 대중적으로 많은 인기를 차지하고 쉽게 구입할 수도 있다. 붙이는 방법에 따라 고리방법, 클립형, 실로 이어주는 이음형, 머리로 묶어주는 묶는 방법, 실리콘으로 붙이는 방법등 다양하게 사용되고 있다.

### 2) 인모

퍼슨의 인모는 엉키고 빠지는 단점을 보완하였으며, 염색이나 퍼머가 모두 가능하며, 인모는 자연스럽고 다양한 머리모양을 연출할 수 있으며 머리카락이 생모와 같이 윤기가 나는 특징을 가지고 있다. 하지만 현재는 가격이 비싸고 사람 모발을 구하기가 어려운 단점이 있다.

### 3) 인조모

인조모는 화학섬유로 만들었으며 머리카락과 흡사하다. 자외선에 노출 되어 수명이 짧고 끌이 갈라지는 현상이 발생하여 염색을 하지 못하는 단점이 발생한다. 또한 사용할 때마다 잘 엉키고 오래 사용 할 수가 없으며 다양하게 사용하기엔 어려움이 많다. 단, 비용이 인모에 비해 저렴하다.

# 02 가모(가발)의 역사 및 유래

## 1. 서양의 가모

서양에서는 고대이집트에서 장식 및 분장 또한 위험을 나타내기 위하여 처음으로 사용되었다. 고대 로마에서 남성들은 변장과 대머리를 감추기 위한 수단으로 사용하는 정도였고, 여성의 경우에는 머리카락모양과 다양한 색의 가모를 사용하였다. 최고의 가모 재료는 사람의 머리카락을 사용하였으며 양(羊)의 털이나 종려(棕櫚)잎의 섬유등을 사용하기도 하였다.

### 1) 이집트의 가모

고대 이집트는 세계4대 문명 발상지로서 최초의 민족국가로 나일강 중심의 농경생활과 정치, 문화, 예술 등에서도 우수한 문화가 발달 되었다. 복식은 아열대성 기후의 영향으로 단순하고 개방적인 형태였으며, B.C 7500년부터 화장과 B.C 3000년경에는 미용술이 종교적 의식이 되었다. 머리형태는 노프렛 여왕의 가운데 가르마한 수평커트를 하였고 삭발한 머리는 강한 자외선으로부터 보호하기 위하여 모자 대신 가발을 사용하였으나 특히 분장, 장식, 위험을 나타내기 위하여 사용되어졌다.

클라프트와 인공수염

이성 유인설

네페르티티여왕

### 2) 그리스의 가모

그리스는 기독교와 함께 인간적이고 합리적이며 이상주의적 인간 중심의 도시국가로서 온난한 지중해성 기후의 영향으로 인간의 육체의 아름다움과 율동미를 중요시하였다. 머리 형태는 남.여 모두 땋아서 어깨 까지 늘어트렸고, 노란 금발머리를 잿물이나 노란 꽃을 우린 물을 머리에 바르고 햇볕에 앉아 있었다. 햇빛이 강한 날에는 펠로스를 머리 위에 쓰고 그 위에 돌리아를 쓰기도 하였으며 인조가모를 썼다.

기원전 490년경

기원전 440년경

기원전 3세기경

3세기

기원전 2세기후기

후기 그리스

### 3) 로마시대의 가모

지중해의 이탈리아 반도에 위치한 로마는 자연스럽게 국제적인 문물교류로 문화의 장점은 합리적이고 실질적인 장점을 잘 재현하였다. 특권을 중요시하여 의복자체가 계급표식을 하며 몸을 가꾸는데 시간과 인력을 투자하여 자신만의 스타일을 하였다. 머리형태는 단순함에서 복잡한 형으로 다양하게 변화하였고 남성은 변장과 대머리를 감추기 위하여 가모를 사용하였으며 여성은 머리모양과 색상의 변화가 다양해졌다.

90년경

2세기경

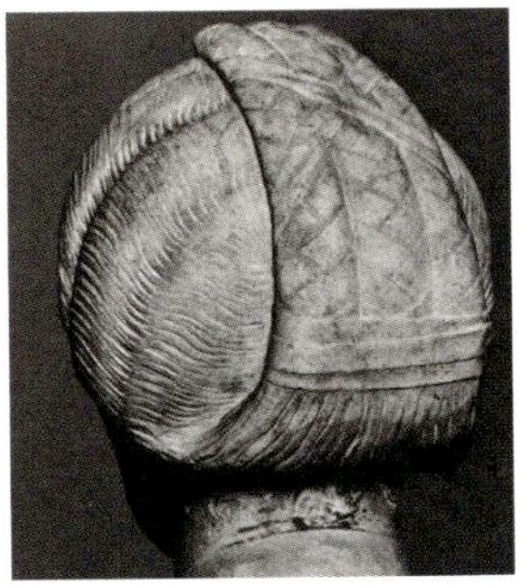
3세기경

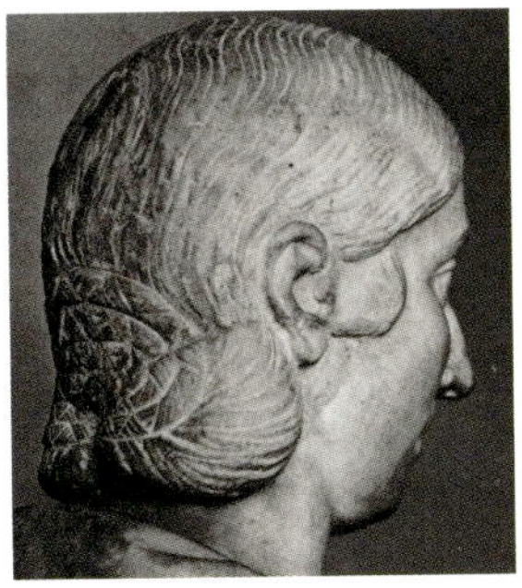
3세기경

연대 미상

연대 미상

### 4) 르네상스시대의 가모

르네상스시대에는 창조적 목표를 가지고 인간 중심의 순수한 미의식 추구하며 그리스 로마의 예술장식을 모방하였으며, 남.여 모두가 기교적이고 가장된 장식으로 인위적인 인체미를 강조했다. 엘리자베스여왕은 붉은색의 머리카락과 여러가지의 가모를 사용하여 패션의 우상으로서 주목을 끌었으며 귀족여성들에게 유행과 함께 신분의 차이를 나타냈다.

1535년경

1550년경

1550~60년경

1571년

1571년경

1580년경

1613년경

1615년경

## 5) 바로코시대의 가모

바로코 양식은 조화와 균형이 파괴되었으며, 부조화와 황당무게한 특색을 갖고 있다. 엄격하고 품위 있는 이지적인 감각을 지녔고, 열정적인 인기풍으로 사치를 중요시하였다. 또한 가모를 사용하여 머리카락을 높게 올린 후 다이아몬드와 같은 보석과 진주를 장식하여 귀족적인 분위기를 나타내었다. 소재는 린넨 또는 레이스를 사용하였으며 루이 14세 머리형태는 퐁파두르를 하였다.

1643–1715년

17세기중기

17세기

1693년경

1693–95년

1695년경

1643년

1650년경

1656년

1660년경

1660년

1670년

### 6) 로코코시대의 가모

로코코시대는 1760년부터 거대하게 높아지는 머리형태의 변화로 마리앙뜨와네뜨에 의해 더 고조되었다. 여성들은 옷보다 머리에 더 많은 관심이 있었으며 가모를 사용하여 예술적이고 환상적인 표현을 위해 여러 가지의 조형물을 올려 명칭을 붙여 사용하였다. 로코코 시대에는 프랑스의 베르사유 궁전에서 귀족들의 안락한 환경속에서 파티문화로 사치의 향락에 빠졌으며 미적인 관심도 절대적이였다. 이에 가발이 매우 다양해졌으며 상류층의 귀족들은 계급을 나타내는 것으로 사용되었다. 또한 프랑스 궁정내에 200여명의 가발장이를 수용하였으며 특히 상류층의 여성들은 동물의 털보다 수많은 돈을 지불하여 인모의 털로 만든 가모를 구입하였다.

1710년

1740년경

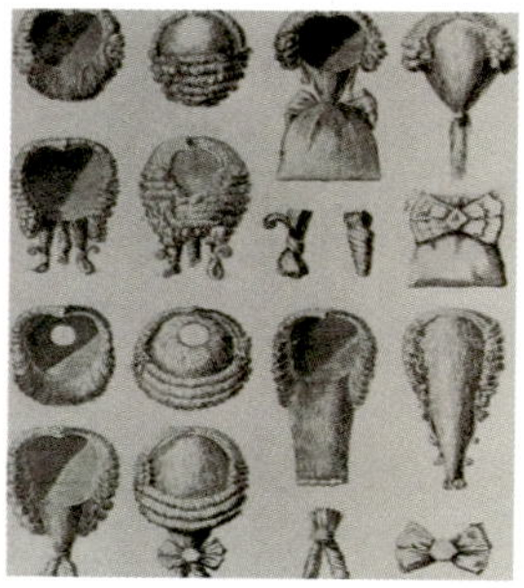
18세기중기

1765년

18세기

1770년경

1776년

1776년

1778년경

### 7) 근대시대(1800~1890)의 가모

산업혁명과 자본주의의 발전으로 생활수준이 급속하게 향상되었으며 인구의 중심이 도시로 변화되는 시기이다. 1800~1820년까지의 유럽의 역사는 프랑스 나폴레옹의 영웅적 생애가 펼쳐진 시대이며, 면방직과 모직의 섬유공업이 놀랍게 발전하였다. 황비 죠세핀에 의해서 흰 머슬린의 얇은 하이웨스트의 슈미즈드레스와 짧게 자른 머리형이 유행되었다. 남자는 날씬한 복장에 조화되는 단발이 유행하였고 여성은 짧게 자른 티투스형과 곱슬거리는 컬을 부분적으로 늘어뜨리고 나머지 머리는 단정하게 올린 헤어스타일이 유행하였다.

19세기에는 프랑스 가모가 다양하고 대표적이었으며 오늘날 가모컬러 Sample의 원조가 "J.L Color-Ring" 프랑스에서 유래되었다. 20세기에는 인조머리의 개발로 용도가 다양해졌다.

1857년

1858년

1859년

1860년경

1864년

1867년

## 2. 한국의 가모(가발)

한국에서 가모는 머리숱이 적은 여인들이 본머리에 가체를 덧대어 사용한 것이 가모의 시초라고 할 수 있다. 삼국시대에는 신라 선덕여왕이 당나라 사신들에게 가체(다리)를 예물로 가져가게 한 내용이 삼국사기 문헌에 기록 되어 있다. 삼국시대의 머리모양을 보면 남자는 상투, 여자는 다양한 머리형태로 얹은머리, 쪽진머리, 쌍상투, 중발머리, 푼기명머리, 큰머리 등을 하였다. 조선시대에는 20여 종의 머리형태가 있으며 궁중에서 사용한 머리모양과 반가녀 또는 민가에서 사용한 머리, 어린이들을 위한 머리형태가 있다. 조선후기에는 가체에 대한 비용이 아주 고가로 다리(가체) 가격이 금값처럼 비쌌다. 이에 여성들의 사치풍조가 심해지자 영조는 오랑캐의 풍속이라는 이유로 「가체금지령」을 반포하였다. 정조(1788, 정조 12년)는 영조의 유지를 받아 얹은머리장식에 따른 사치와 폐단을 지적하고 금지하는 「가체신금사목」을 제정, 반포 하였다. 개화기 이후 연극과 무용, 오페라 등의 극중 인물의 분장을 위해서 시작되었던 것이 현대의 가모이다. 이처럼 가모공업이 보편화 된 것은 60년대 이후 수출 장려정책에 부응하여 가모시장을 장악하면서부터 가모를 이용한 머리모양이 유행하여 패션 상품으로 등장하였다. 이에 한국은 60년대부터 성행하였으며 72년에는 미국수출 1위가 될 만큼 호황을 누렸다. 70년대 후반부터 사양화 되었다가 2000년대 이후부터 호황기를 맞이하여 현재까지 발전되고 있는 추세이다. 시대별 가모형태는 다음과 같다.

신윤복 풍속화, 봄나들이(가체를 한 여인들)

### 1) 무속신앙에 표현된 가모

민속신앙은 민간신앙, 민속종교, 민중신앙 민중종교라는 용어로 주로 사용한다. 민속은 전승문화를 바탕으로 하되 종교라는 문화현상을 함께 생각해야 된다. 무속신앙은 무당을 주축으로 민간 층에서 전승되고 있는 자연적 종교 현상으로 무당의 유형에는 강신무와 세습무가 있으며, 강신무는 신병체험을 통해 내림을 받은 무당, 세습무는 혈통에 따라 가계계승으로 된 무당이다. 이들은 전문적인 사제자로서 존재의 영구 지속을 요구하는 민중의 요구를 실천화하는 제의 굿을 주관한다. 무당의 굿은 목적에 따라 복식과 머리형태를 반드시 갖추고 시작하였으며 두식의 장신구는 굿을 할 때 아주 중요한 목적을 가지고 있으며 가모를 사용한 머리형태는 다양하다. 가체를 사용한 머리형태는 가체와 두식을 사용하였다.

불사거리

별상

### (1) 쪽머리

대신할머니는 조상신으로 강한 성품과 전통적인 곡선의 아름다움을 과시하려고 가체를 땋아서 단아한 모습으로 목뒤에 쪽진머리 형태를 하였다.

대신할머니

대신할머니 재현

### (2) 벌생머리

산신은 조선말에 풍속화에 많이 등장한 범과 자애로운 어머니 또는 신모의 이미지로 가체를 꼬아서 사용하였으며 두개의 쪽으로 쪽머리보다 조금더 크게 표현 벌생머리를 하였다.

홍장군부인

홍장군부인 재현

### (3) 트레머리

무녀신무도는 트레머리를 하였다. 트레머리는 가르마를 타서 뒤로 넘겼으며 가체를 크게 틀어 두상위에 크고 탐스럽게 보이도록 한 머리형태로 여인들과 서민들까지도 즐겨 사용하였다.

무녀신무도

무녀신무도 재현

### (4) 얹은머리

일반인들이 가장 많이 사용한 얹은머리형태로 용궁봉래부인이 하였다.

용궁봉래부인

용궁봉래부인 재현

### (5) 가체머리

가체머리를 한 바리공주는 효행 담이 있는 전설로 모진 어려움을 극복하고 자기완성을 이룬 영웅의 성장과정을 의미하고 화려하고 웅장한 최고의 가체를 사용하였으며 장신구를 아주 많이 사용한 머리형태을 하였다.

바리공주

바리공주 재현

### (6) 두식을 사용한 불사거리

무녀신무도의 머리형태가 있으며 다양한 두식을 사용하였다.

불사거리 재현

무녀 신무도 재현

## 2) 고구려 시대의 가모

고구려의 고분벽화의 머리모양을 보면 얹은머리, 둘레머리, 쪽진머리, 민머리, 푼기명머리, 묶은 중발머리, 쌍상투, 상투 등이 있다. 문헌을 보면 "미혼녀는 두 발을 한가락 땋아서 뒤로 늘어뜨렸고, 출가녀는 두 가락으로 땋아서 틀어 얹은 머리형태를 하였다"고 주서열전 이역 백제조에 전하고 있다. 고구려시대 안악3호 무덤의 동수부인과시녀에서 볼 수 있는 머리모양인 휠자계는 매우 화려하고 아름답다는 것을 알 수 있다.

안악3호무덤: 동수부인과시녀

재현: 동수부인

무용총: 둘레머리

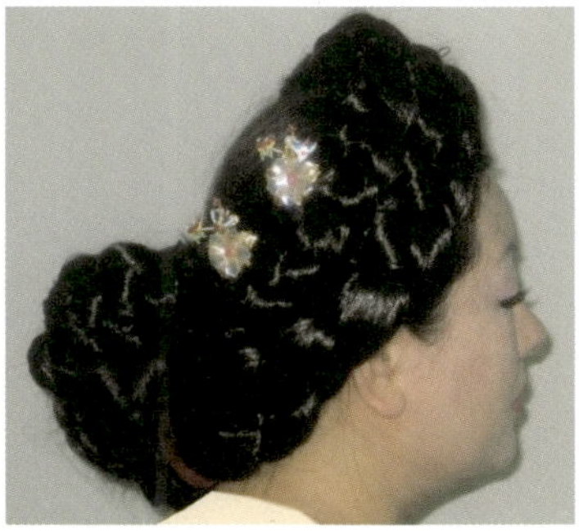

재현: 둘레머리

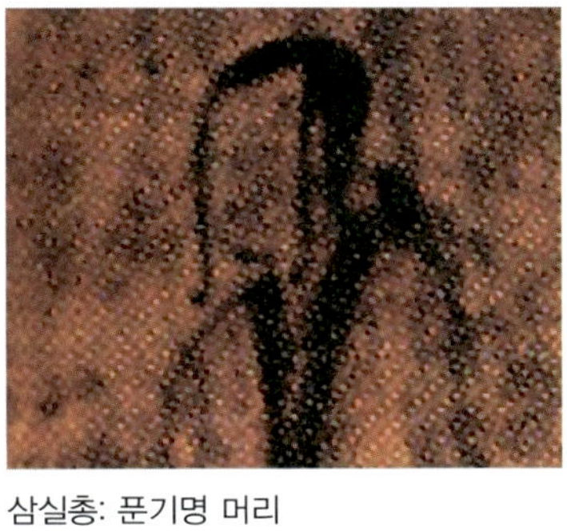

삼실총: 푼기명 머리

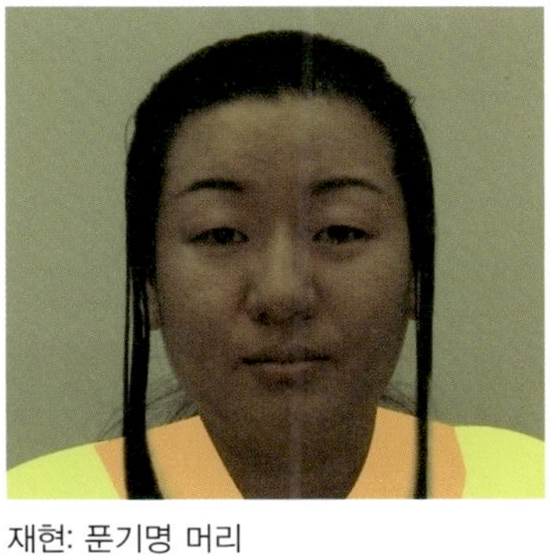

재현: 푼기명 머리

### 3) 백제시대의 가모

백제인의 머리모양은 화려하지 않고 단아한 머리모양을 하였다. 기혼녀는 머리를 둘로 나누어 머리에 얹는 형태로 쌍계머리하였으며 미혼녀는 머리를 땋아서 뒤로 늘어뜨린 땋은머리을 하였다. 미혼녀와 기혼녀 구별이 되었으며 신분, 혼인여부, 성별에 따라 차등을 주었다.

낭자쌍계 궁녀사 영정

낭자쌍계 재현

### 4) 신라시대의 가모

신라시대의 머리형태는 고구려와 같이 얹은머리와 쪽진머리를 하였고 복식은 흰옷을 좋아하였다. 선덕여왕과 경문왕 때 당나라에 사신들 에게 다리(가체)을 예물로 보냈으며, 여인의 머리 길이는 길고, 다리를 이용한 화려한 가체를 많이 사용하였으며, 동백과 수유의 열매로 오일(머릿기름)을 제조하여 가체와 모발에 처음으로 사용하였다.

둘레머리

재현: 둘레머리

쪽머리

재현: 쪽머리

화계

재현: 화계

## 5) 통일신라의 가모

통일신라시대의 여인들의 머리모양이 화려하고 장식적이라서 가체를 높게 사용하여 계급에 따라 두발장식품 소(梳: 머리빗)와 채(釵:머리꽂이 비녀)에 대한 금지령이 내려졌다. 이 시대에는 여인들의 머리가 아름다워서 당나라에 고가(高價)로 수출되기도 하였다고 삼국사기 문헌에 기록되어 있다.

천추태후머리재현

목조여인상 두상

고계재현

## 6) 고려시대의 가모

고려시대 의복과 머리형태는 소박한 머리모양으로 출가하지 않은 처녀들은 하나로 묶어 붉은 댕기를 하여 뒤로 내려뜨리고, 총각들은 검은 끈으로 묶었으며 부녀들은 윗머리, 얹은머리, 아랫머리는 채머리 형태로 내려놓았다. 즉, 고려시대 머리형태는 추마계와 아환계, 쌍수계, 조천계, 고계, 속발, 얹은머리가 있다.

돈황

수월, 관음도

아환계(鵝鬟髻)

광양왕비 : 노국공주

혁기사녀도 : 반얹은머리

다섯무덤 : 채머리

아환계재현

## 7) 조선시대의 가모

대수머리

조선시대에는 미적 표현의 수단과 사회적 신분을 상징하는 징표로 가체와 장신구를 사용하여 머리모양을 하였다. 또한 크게 꾸미는 것이 유행하였고 신분에 따라 가체의 크기가 달랐으며 신분과 부의 과시로 다리 값이 금값처럼 고가였다. 조선시대 후기에는 가체의 폐단이 너무 커서 사회적 병폐가 되었으며 다리로 인한 고계양식이 문제가 되어 나라에서 국법으로 가체금지령을 내렸다.(가체신금사목)

조선시대 머리모양으로는 궁중에서 사용한 큰머리, 어여머리, 첩지머리, 새앙머리, 조짐머리등이 있으며 반가녀나 서민들이 사용한 머리형태는 쪽진머리, 얹은머리, 둘레머리, 벌생머리, 가체머리, 트레머리, 관기머리, 고계, 낭자쌍계가 있다. 어린이가 했던 머리형태는 땋은머리, 종종머리, 바둑판머리, 배씨머리이다. 남자들은 상투를 틀고, 사내 아이들은 뒤로 땋았다. 조선시대의 예식용 대수머리는 전체가모로 여러개의 비녀와 떨잠 등으로 장식 하였고, 궁중의식 때는 거두미와 어유미 같은 큰머리를 하였다.

《가례도감의궤》의 다리의 양

| 의궤 | 연대 | 수량 | 의궤 | 연대 | 수량 |
|---|---|---|---|---|---|
| 소현세자빈 | 1627(인조 15년) | 40단 | 세자빈(선의왕후) | 1718(숙종 44년) | 48단 |
| 장렬왕후 | 1638(인조 16년) | 68단 | 세자빈(효순왕후) | 1727(영조 13년) | 20단 |
| 세자빈(명성황후) | 1651(효종 12년) | 48단 | 세자빈(헌경왕후) | 1744(영조 20년) | 10단 |
| 세자빈(인경왕후) | 1671(현종 13년) | 48단 | 국혼정례 건 | 1749(25년) | 10단 |
| 인현왕후 | 1681(숙종 17년) | 20단 | 정순왕후 | 1759(영조 35년) | 10단 |
| 세자빈(단의왕후) | 1696(숙종 22년) | 48단 | 세자빈(효의왕비) | 1762(영조 38년) | 5단 |
| 인원왕후 | 1702(숙종 28년) | 48단 | 순원왕후 | 1802(순조 12년) | 10단 |
| 세자빈(신정왕후) | 1819(순조 19년) | 5단 | 철인왕후 | 1851(철종 12년) | 10단 |
| 효현왕후 | 1837(헌종13년) | 10단 | 명성왕후 | 1866(고종 13년) | 10단 |
| 효정왕후 | 1844(헌종 10년) | 10단 | 세자빈(순명왕후) | 1882(고종 19년) | 5단 |
| 세자빈(순종왕비) | 1906(광무 10년) | 10단 | | | |

거두미

어유미

쪽머리

거두미재현

어유미재현

쪽머리재현

땋은머리재현

벌생머리재현

새앙머리재현

## 8) 개화기의 가모

개화기 사회제도와 궁중예식은 대체로 변하지 않아 여자들은 어여머리 나 큰머리를 하였다. 부인들은 지방에 따라 쪽진머리나 얹은머리 또한 둘레머리, 트레머리를 하였고 땋은머리로 길게 땋아 두세번 접어 리본으로 묶었으며, 처녀들은 댕기머리하였다. 남자들은 고종32년에 단발령이 내려지면서 상투와 땋은머리가 점차 사라지고 밑머리는 짧게 윗머리는 남겨 가르마를 가르는 서양식 머리모양인 상고머리을 하였다.

서민머리 및 복식

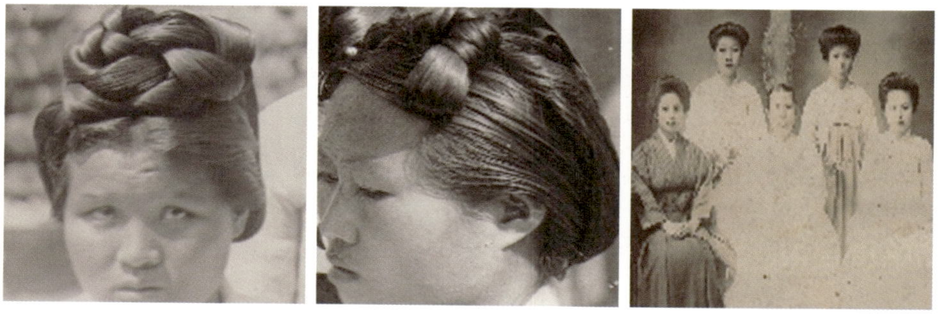

서민머리 및 복식

서민 얹은머리 재현

퐁파두르 재현

### 9) 현대의 가모

현대의 머리모양은 개화기 이후 서양식 연극과 무용, 오페라 등에서 극중 인물의 분장을 위하여 사용되었으며 숱이 없는 대머리 남자들과 여성들 사이에서 가모 사용이 보편화되었다.

1960년대 이후 기계제품들이 생산되어 전 세계적인 패션가모가 등장하였으며, 합성섬유가 개발되어 관리와 손질이 편한 아크릴제 섬유로 만들어진 가모가 사용 되었다.

한국은 가모공업은 60년대부터 성행되어 72년에는 미국수출 제1위국이 될 만큼 호황을 누렸으며, 2000년대부터는 전통머리모양의 가체머리를 재구성하였으며 다양한 패션가모, 탈모용 가모가 호황을 누리고 있다.

2011 한국가모헤어패션쇼 작품

## 10) 재해석된 현대가모

재해석된 가모는 다양한 패션쇼와 대학의 졸업작품에서 다양한 형태로 표현되어지고 있으며 고령화 사회에 따른 여러 가지의 가모 사용이 많아지고 있다.

한국가모헤어패션쇼

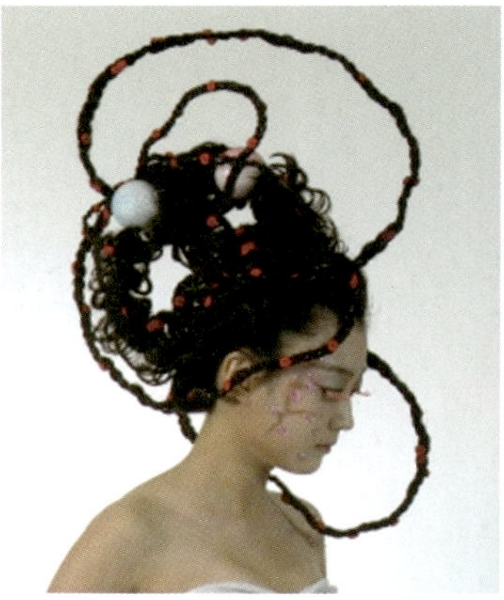

정화예술대학교 졸업작품

## 평가표

| 학습 내용 | 학습 목표 | 학생평가 | | | 교수평가 | | |
|---|---|---|---|---|---|---|---|
| | | 상 | 중 | 하 | 상 | 중 | 하 |
| 가모의 이해 | • 가모의 정의 및 개념을 이해하고 파악할 수 있다 | | | | | | |
| | • 가모의 종류를 이해하고 파악할 수 있다 | | | | | | |
| 가모의 역사 | • 서양가모의 역사를 이해하고 파악할 수 있다 | | | | | | |
| | • 한국가모의 역사를 이해하고 파악 할 수 있다 | | | | | | |

## 서술형 시험

| 학습 내용 | 학습 목표 | 성취수준 | | |
|---|---|---|---|---|
| | | 상 | 중 | 하 |
| 가모의 이해 | • 가모의 정의 및 개념을 이해할 수 있는 능력 | | | |
| | • 가모의 종류를 이해할 수 있는 능력 | | | |
| 가모의 역사 | • 서양 가모의 역사를 이해할 수 있는 능력 | | | |
| | • 한국가모의 역사를 이해할 수 있는 능력 | | | |

| | |
|---|---|
| **과제1.** | 가모의 정의와 개념에 대하여 정리해 보자 |
| **과제2.** | 서양과 한국의 가모역사에 대하여 조사해 보자 |

날자

주제

제2장

2

# 가모시장의 현황과 전망

| 학습 내용 | 학습 목표 |
|---|---|
| 가모시장의 현황과 전망 | • 가모관리사의 역할을 이해하고 파악할 수 있다 |
| | • 미용시장의 변화를 이해하고 파악할 수 있다 |
| | • 온라인 오프라인의 변화를 이해하고 파악할 수 있다 |
| | • 가모시장의 미래전망을 이해하고 파악 할 수 있다 |

# 01 가모관리사의 필요성과 목적

## 1. 가모관리사

가모관리사는 두피탈모의 문제점을 파악하고 보안하며 외적 아름다움을 유지시키기 위한 가발산업 분야의 전문직종으로서 뷰티 산업의 전문인 고용 창출효과와 매출증대에도 기여를 하게 되는 이론과 실기를 겸비한 가모전문가를 말한다.

## 2. 가모관리사의 역할

가모관리사는 문제성 두피 및 모발손상과 트러블로 인한 두피건강에 고민을 갖고 방문하는 고객의 모발과 두피를 상담·분석하여 관리 및 홈 케어 등을 상담관리하는 두피 및 가모관리 전문인이다. 또한 외적인 미를 중요시하는 시대적 소비형태에서 외적인 아름다움을 충족시키는 헤어미용전문인의 직업창출과 매출증대효과 및 가모산업시장의 발달에 큰 영향력을 가지고 있다. 아울러 가모관리사는 고객만족을 위해 전문 지식습득과 기술력이 매우 중요하다.

## 3. 전문가의 역할

전문가로서의 역할은 고객에게 가발이 친밀해 질 수 있도록 이해와 설득력 있게 설명을 하여 가모에 대한 두려움을 최대한 친밀감으로 느낄 수있게 도와주어야 한다. 특히 부분가모는 꼭 필요한 액세서리로 생각 할 수 있도록 만들어 주는 것이 고객과 첫 만남에서 성공하는 것이라 볼 수 있다.

## 4. 상담자로서의 역할

상담자로서의 역할은 직접 설문지를 작성함으로서 탈모의 시기와 진행 중인 상태를 파악하여 가모 착용에 대한 심리적인 안정감을 갖도록 하여야 한다. 또한 심리적 건강 향상에 보탬이 되고 삶에 의욕적인 활력이 될 것이다. 가모착용이 미적 아름다움을 부여하여 적극적인 사회생활에 자신감을 가질 수 있도록 한다.

## 5. 서비스인의 역할

서비스인으로서의 역할은 미용 산업에 있어서 서비스는 생명과 같다. 이렇듯이 고객 한 사람 한 사람에게 최선을 다하여 서비스를 하여야 한다. '말한마디에 천냥빚을 갚는다'는 속담이 있듯이 언어에서 마음을 다치지 않도록 하여야 하며 감동을 받아 가모 착용을 하고 싶다는 충동감이 생기도록 한다.

# 02 가모시장의 현황과 전망

## 1. 미용시장의 변화

탈모관리가 필요한 성인은 매년 30% 증가하고 있다. 현재 방문고객 6%정도는 20-30대 이고, 여성은 그중 4%의 비중을 차지하며 미용시장의 변화는 개인브랜드에서 프렌차이즈 전문시장으로 변화하고 있다.

이에 다양한 연구와 과학적이고 신뢰감을 더 할 수 있도록 체계적인 마케팅을 통한 고객관리가 이루워져야 할 것이다.

더불어 관계마케팅을 통한 전문적이고 과학적인 서비스 제공이 절실히 필요하며 탈모시장에서 가발시장으로 자연스럽게 고객관리가 이루어지고 있는 추세이다. 즉, 탈모 해결을 위한 방법으로 모발 화장품 구입에서 시작되어 두피, 모발관리 전문센타를 거쳐 모발이식과 함께 마지막으로 가발을 선택하고 있다.

## 2. 대중시장의 변화

탈모시장의 흐름을 보면 2010년 부터 탈모인구가 900만명을 넘어서 매년 30% 급성장하고 있다. 2011년 미용산업체의 조사에 따르면 20세 이상 성인남성이 350만명이고 여성탈모와 청소년 탈모을 합치면 1000만 명에 육박한다고 헤럴드경제에서 밝힌바 있다. 이렇듯이 가모시장 규모는 최소 3,000억원정도이며 2011년 한국은 3,500억대, 일본은 11조원 정도로 예상할 수 있었다.

또한 탈모방지 및 약품, 식품, 화장품에서 나오는 모발촉진 시장은 2,000억대이며 모발이식 클리닉 및 모발관리센타는 4000억대로 추정된다고 헤럴드경제 2011년 5월 4일 언론에 보도된 바 있다.

현재 가발 대중시장은 빠르고 다양하게 변화하고 있으며 가발시장에서 맞춤형 가발 대표 업체로는 하이모와 밀란으로 약 50% 점유율을 차지하고 있다. 또한 소형업체들도 계속 늘어나고 있는 추세이다.

## 3. 온라인 오프라인의 변화

현재에 오프라인에서는 많은 변화가 있다. 가발 시장의 점유율이 급속도록 늘어나고 있는 추세이다. 20세의 가발 인구가 증가하고 있는 것은 남, 녀를 불문하고 스트레스로 인한 탈모인구가 늘어나고 있는 것으로 보아 아주 많은 변화가 있다. 특히 20대의 멋내기용 가발 헤어 스타일로 붙임머리나 통가발, 부분가발등을 선호하고 있는 추세이므로 가발시장은 계속 발전하고 있다. 이에 온라인 업체중 선두주자인 핑크에이지는 젊은층이 선호하는 업체이다. 그 뒤를 이어 가발나라가 고객들의 신뢰를 얻고 있는 추세이며 이외에도 많은 소형 업체들이 있다.

## 4. 가모시장의 미래전망

탈모인들의 탈모관리 실태를 살펴보면 가발은 사회적 인식 때문에 착용하게 된 계기가 많으며, 성별과 연령, 학력, 직업, 결혼여부 등으로 가발을 기본적으로 2개정도 소유하고 있다. 특히 지루성인 탈모인이 다른 탈모인들보다 더 많은 가발을 소유하고 있다는 연구 결과가 나왔다. 현재 가모시장은 점점 늘어나는 추세이며 일반적으로 F/W 패션쇼, 방송 및 드라마, 뮤지컬 등에서도 본인의 모발보다 가발을 사용하는 기회가 많아지고 있으며 전문가들을 위한 공모전과 콘테스트가 늘어나고 있는 현실이다. 이러한 추세로 보아 국민 모두가 참여한다고 볼 수 있으며 가모관리사는 가발에 대한 이해와 디자인, 재료의 특성, 고객 마케팅 등 다양한 자식이 필요할 것이다.

## 5. 가모시장의 발전방향

시장성의 동향 분석을 보면 2006년 7월 13일 메디칼 마케팅정보에 따르면 탈모관리 성인 30%은 매년 증가하고 있다. 그리고 독립 브랜드의 월평균 3000만원대 매출로 높은 수익률을 창출하는 장점을 찾아볼 수 있으며 방문고객 6%정도는 20–30대이고 그 중 4%가 여성고객이다. 또한 프렌차이즈 가모시장의 동향을 보면 탈모인구가 600만명 이며 시장규모는 매년 8000억원으로 2~3배로 증가하고 있다. 그러므로 가모시장의 발전은 향상될 것이다.

## 평가표

| 학습 내용 | 학습 목표 | 학생평가 | | | 교수평가 | | |
|---|---|---|---|---|---|---|---|
| | | 상 | 중 | 하 | 상 | 중 | 하 |
| 가모시장의 현황과 전망 | • 가모관리사의 역할을 이해하고 파악할 수 있다 | | | | | | |
| | • 미용시장의 변화를 이해하고 파악할 수 있다 | | | | | | |
| | • 온라인 오프라인의 변화를 이해하고 파악할 수 있다 | | | | | | |
| | • 가모시장의 미래전망을 이해하고 파악 할 수 있다 | | | | | | |

## 서술형 시험

| 학습 내용 | 학습 목표 | 성취수준 | | |
|---|---|---|---|---|
| | | 상 | 중 | 하 |
| 가모시장의 현황과 전망 | • 가모관리사의 역할을 이해할 수 있는 능력 | | | |
| | • 미용시장의 변화를 이해할 수 있는 능력 | | | |
| | • 온라인 오프라인의 변화를 이해할 수 있는 능력 | | | |
| | • 가모시장의 미래전망을 이해할 수 있는 능력 | | | |

| 과제1. | 가모관리사 역할에 대하여 정리해보자 |
|---|---|
| 과제2. | 가모시장의 현황과 미래전망에 대하여 토론해 보자 |
| 날자 | |
| 주제 | |

| 설명 및 토론 | |
|---|---|

제3장

3

# 상담학 관점에서 보는 두상학

| 학습 내용 | 학습 목표 |
| --- | --- |
| 두상학 및 두피모발 생리학 | • 두피의 정의를 이해하고 파악할 수 있다 |
| | • 두피의 구성을 이해하고 파악할 수 있다 |
| | • 두피의 기능을 이해하고 파악할 수 있다 |
| | • 두피신경과 스트레스를 이해하고 파악 할 수 있다 |

# 01 두피. 모발 생리학

## 1. 두피의 정의 와 개념

### 1) 두피의 정의

두피는 모발을 키우는 토양이다.

사전적 의미로는 「척추동물의 머리부분을 감싸고 있는 골력을 덮는 부분」이다라고 한다.

또한 다양한 생리적 기능을 수행하며 내부장기와 그밖의 체내기관을 보호해주는 역할을 한다. 두부를 보호하고 부분의 피부조직를 두피라 칭한다.

## 2. 두피의 기능

두피의 기능은 다양하다.

- 보호기능은 물리적, 화학적 환경으로부터 뇌를 보호하는 기능이다.
- 흡수기능은 두피와 모발성장에 필요한 영양분을 외부로 흡수하는 기능이다.
- 분비기능은 피지선에서 피지를 분비하고 한선에서 땀을 분비하는 기능이다.
- 호흡기능은 폐를 통해 99%호흡을 하고 피부를 통해 1–3%정도 호흡하는 기능이다.
- 배설기능은 중금속등의 유해물질을 체외로 배설하는 배설 기능이다.
- 체온유지 기능은 항상 체온을36.5도 유지하는 체온유지 기능이다.
- 감각전달 기능은 온각, 촉각, 냉각등의 감각전달 기능이다.

# 3. 두피의 구성

## 1) 표피

표피는 두피의 가장 외층으로 각질층, 투명층, 과립층, 유극층, 기저층으로 나뉜다.

- 각질층은 최외각인 바깥층으로 각질화된 죽은 세포로 구성되어 있다.
- 투명층은 얇고 투명한 층으로 구성되어 있으며
- 과립층은 과립세포에서 각질세포로 바뀌고 3–5층의 납작한 세포로 구성되어 있다.
- 유극층은 가장 두꺼운 층으로 기저세포의 형태로 유극세포가 존재하며 가시층이라고도 한다.
- 기저층은 멜라닌색소와 색소형성세포가 있고 진피유두에 있는 모세혈관의 영향으로 세포분열을 일으켜 표피를 재생시킨다.

모발과 두피의 구조

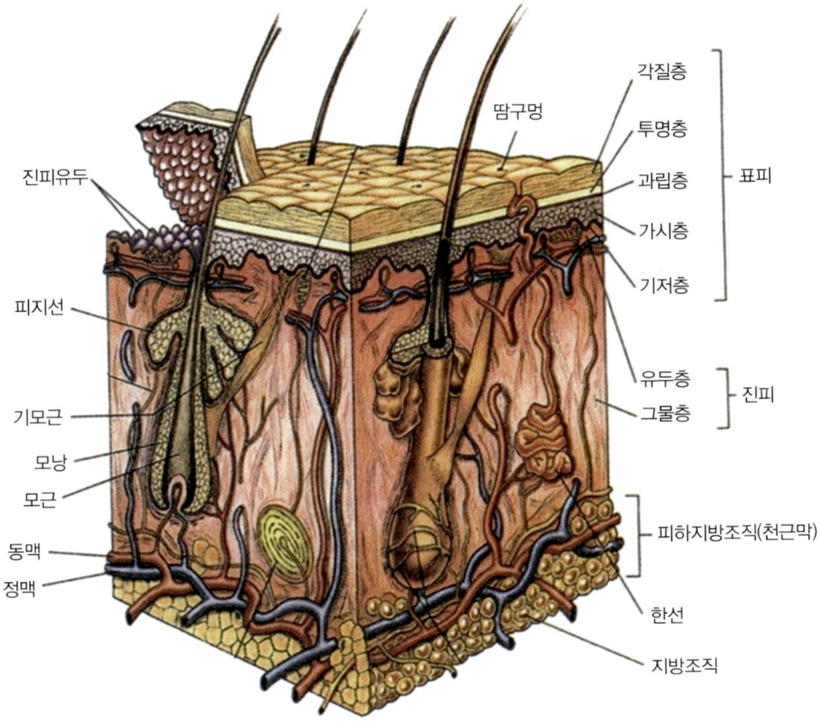

### 2) 진피

표피 아래에 위치하고 피부에 90%를 차지하는 두터운 층으로 유두층과 망상층으로 나눈다.

- 유두층은 기저층에 영양공급을 하고 망상층은 교원섬유와 탄력섬유 그리고 기질로 구성되며 섬유아세포에서 만들어진다.

### 3) 피하조직

피하조직은 진피 밑에 있는 지방 조직층으로서 조직의 두께는 개개인의 연령, 성별, 건강상태에 따라 다르며, 외부충격에 대한 쿠션 역할을 한다. 또한 진피와 근육, 뼈 사이에 위치한 피하조직은 열을 차단하고 충격을 흡수하여 몸의 내부를 보호하는 기능과 영양 저장소 역할을 한다. 남성보다 여성의 피하지방이 더 두껍다.

## 4. 두상골격의 구조

### 1) 두개골의 역할

두개골은 하나의 뼈로 보이나 실질적으로 23개의 뼈로 구성되어 있다. 두개골을 둘러싸고 있는 두피는 외피, 두개피, 두개피하조직의 3층으로 구성되어 있다. 이는 반구형을 갖는 뇌두개인 뇌를 둘러싸는 6종 8개의 뼈와 안면부를 구성하는 9종 15개의 뼈로 구성된다. 따라서 두개골의 형상은 뇌두개와 안면두개의 크기가 비례하여 얼굴형을 나타낸다. 이러한 두개골은 뇌, 시각기관, 평형청각기관들을 보호하며 생명유지에 필요한 소화 및 호흡과 관련된 구강 및 비구강내의 구조들을 포함한다. 특히 두개골에 외두개는 크게 4가지 부분으로 살펴볼 수 있다.

### 2) 두개골의 종류

#### (1) 전두골

두개골 안면 이마에 있는 조개 모양으로 생긴 한 개의 뼈를 나타낸다. 이부분은 얼굴과 두발의 경계선인 발제선을 포함한 전발이 존재한다.

골격의 구조

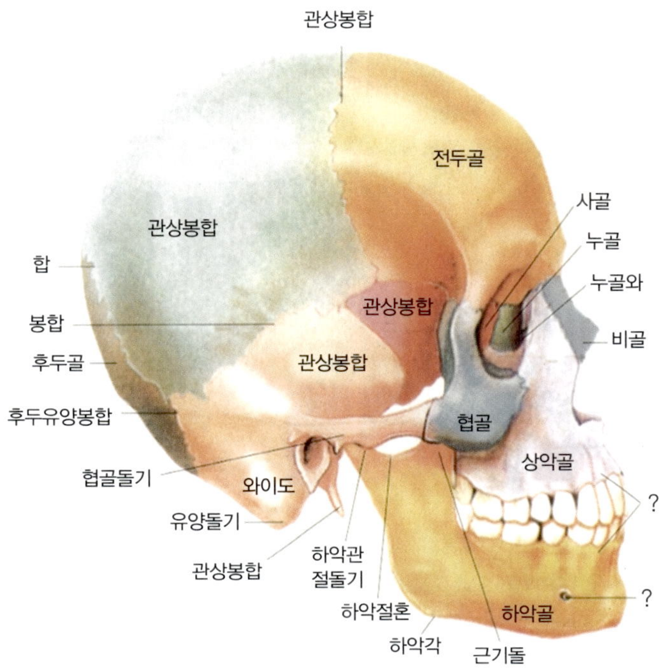


### (2) 두정골

두개폭에서 가장 넓은 부분을 차지하는 영역이면서 두개골 윗면 좌우 한쌍 머리뼈의 윗벽 이루고 있는 사각형의 접시모양 납작뼈 이다.

### (3) 측두골

두개골 옆면 좌우 한쌍으로 두개골 외측부분의 안쪽 두 개 측면 중 앙에 있는 복잡한 형태의 뼈이다. 이부분은 얼굴 측면 발제선을 포함한 양빈이 존재한다.

### (4) 후두골

두개골 뒷면 뒤통수 부위에 있는 마름모꼴의 뼈로서 주로 후두 비늘이 관찰되며 위쪽에는 좌우의 두정골이 있고 외측에는 측두골의 유돌기가 관찰된다. 후두골 뒷면 중앙부에는 바깥 후두융기가 있다. 이는 가장 두드러진 부위로서 뒤통수점이라 하며 두개골계측에 있어서 중요한 기준점이 되기도 한다. 이부분은 목선과 목옆선을 경계선으로 하는 세포가 존재한다.

### 3) 결합조직

인체 외피 또는 몸 내부 장기의 상피조직 아래 분포된 결합조직으로 기질, 섬유, 세포등 3가지로 구성되어 있다. 즉 세포들이 드문드문 흩어져 있으며 세포간 물질이 무정형의 기질로서 세포 사이를 폭넓게 채우고 있음을 나타낸다.

### 4) 두개건막

경막, 지주막, 유막의 3중 뇌막으로서 두개골을 보호하고 있다. 지주 막과 유막 사이에는 수액이 들어 있어 외부로부터 충격이 뇌에 직접 도달하지 못하게 되어 있다.

#### (1) 경막

두개골 안에서 뇌의 바깥쪽을 둘러싸고 있는 경막은 척수를 둘러싸고 있는 척수경질과 연속되어 있다. 뇌경질막인 경막은 두개골에 단단히 부착되어 있기 때문에 두개골의 골막과 융합되어 있어 이 두 층을 분리하기가 쉽지 않다.

#### (2) 지주막

지주막인 거미막은 섬유모세포의 세포질돌기와 약간의 결합조직 섬유로 구성되어 있으며 혈관이 없는 얇은 결합조직 막이다.

#### (3) 유막

유막은 뇌연질막으로서 혈관을 많이 함유한 성긴 결합조직 막으로 뇌실 막의 표면에 부착되어 있다.

## 5. 두피신경과 스트레스

두피신경은 이마, 뺨, 턱과 두개골이 있는 작은 구멍을 통해서 뇌신경부터 제공되고 접촉 수용체는 표피의 유두층, 자율신경의 영향, 피부– 노아드레날린의 대머리 건선 같은 증상이 발생하며, 현대질병의 70–80%는 스트레스에 의한 발병으로 추정된다.

스트레스에 의한 반응은 자율신경이 균형을 잃고 혈관에 악영향을 주게 된다. 오감을 통해 두뇌에서 시상하부를 자극하게 되고, 아드레날린은 혈압을 높이거나 근육 뭉침으로 호흡이 빨라지며, 성적 욕구와 배고픔이 없으며, 소화장애나 뇌를 예민하게 만든다. 그리고 긴장이 풀리면 심장 박동수와 혈압상승, 신체면역계의 필수 요소들은 다른 곳으로 이동하게 되고 콜레스테롤 수치가 높아진다. 장기간의 스트레스는 피로, 두통, 가슴앓이, 탈모, 불감증, 우울증 증세, 모근 주변의 혈행이 악화되고 영양 공급이 도달되지 않으면 탈모로 연결된다.

## 6. 두피관리사의 역할

두피 모발 관리사는 두피 및 모발 관리에 필요한 이론과 실무 전문 지식을 습득해야 한다.

내용으로는 두피, 모발의 구조 및 생리, 탈모, 영향, 제품, 기기 및 두피관리에 대한 실무 기술들이 필요하다. 이러한 다양한 내·외적으로 발생되는 두피의 문제를 정확히 파악하여 상담, 관리할 수 있는 전문인으로 성장하여야 한다.

또한 두피 관리사는 고객과의 신뢰를 바탕으로 심리적 문제로 인해 발생된 부분과 식생활, 환경, 라이프 스타일을 파악하여 보다 정확하게 진단 및 분석하여 건강한 아름다움을 유지할 수 있게 체계적인 두피관리 매뉴얼를 갖추고 있어야 한다.

## 평가표

| 학습 내용 | 학습 목표 | 학생평가 | | | 교수평가 | | |
|---|---|---|---|---|---|---|---|
| | | 상 | 중 | 하 | 상 | 중 | 하 |
| 두상학 및 두피모발 생리학 | • 두피의 정의를 이해하고 파악할 수 있다 | | | | | | |
| | • 두피의 구성을 이해하고 파악할 수 있다 | | | | | | |
| | • 두피의 기능을 이해하고 파악할 수 있다 | | | | | | |
| | • 두피신경과 스트레스를 이해하고 파악 할 수 있다 | | | | | | |

## 서술형 시험

| 학습 내용 | 학습 목표 | 성취수준 | | |
|---|---|---|---|---|
| | | 상 | 중 | 하 |
| 두상학 및 두피모발 생리학 | • 두피의 정의를 이해할 수 있는 능력 | | | |
| | • 두피의 구성을 이해할 수 있는 능력 | | | |
| | • 두피의 기능을 이해할 수 있는 능력 | | | |
| | • 두피신경과 스트레스를 이해할 수 있는 능력 | | | |

**과제1.** 두피의 기능에 대하여 정리해 보자
**과제2.** 두피의 구성에 대하여 정리해 보자

| 날자 | |
|---|---|
| 주제 | |

제4장

4

# 가모학에서 보는 모발생리학

| 학습 내용 | 학습 목표 |
| --- | --- |
| 모발 생리학 | • 모발의 정의를 이해하고 파악할 수 있다 |
| | • 모발의 기능을 이해하고 파악할 수 있다 |
| | • 모발의 성장 및 주기를 이해하고 파악할 수 있다 |
| | • 모발의 성분을 이해하고 파악할 수 있다 |
| | • 모발의 종류를 이해하고 파악할 수 있다 |

# 01 모발의 정의 및 기능

## 1. 모발의 정의

모발과 두피는 분리된 것이 아니라 많은 인체기능과 유관하여 내부 생체리듬의 상태를 반영해준다. 모발의 생물학적 정의로는 포유동물만이 가지고 있는 특유의 부속기관으로 단단하게 밀착된 각화세포로 이루어진 고형의 원추섬유이며 일반적 정의로는 Hair, 毛髮(모발)이라고 한다.

모발은 머리카락과 그 외 신체에 나 있는 모든 털을 총칭하여 포함하는 의미로써 털이 난 부위에 따라 두발, 수염, 액모, 체모 등으로 구분된다. 피부의 부속기관으로 피부의 표피에서 생기며 손바닥, 발바닥, 손가락 및 발가락의 점막 경계부 또는 입술 등의 점막을 제외한 몸 전체에 나 있다. 통각이나 촉각을 전달하고 외부의 화학적, 기계적 자극으로부터 신체를 보호한다.

## 2. 모발의 기능

모발의 기능은 기능적 측면과 미용적 측면으로 나눌 수 있다. 자외선으로부터 부속기관을 보호하고 열의 발산을 억제하여 몸을 따뜻하게 하고 외부온도를 조절하고 추위로부터 체온을 유지해주는 기능과 외부충격으로부터 두피와 두뇌를 보호하고 보호해주는 기능이 있다. 또한 몸에서 열이 날 때는 한선에서 땀으로 분비되는 노폐물과 우리 몸에 불필요한 수은, 비소, 아연 등의 중금속 등을 흡수하여 체외로 배출하는 기능이 있으며 털을 움직이게 하는 작은 근육이 털마다 붙어 있어 신경작용에 의해 춥거나 더울 때 움직여 주는 감각 전달을 하는 기능적 측면이 있다. 즉, 머리카락은 태양의 직사광선으로부터 두피 보호을 하고 눈썹, 속눈썹은 햇빛, 땀, 빗물, 먼지로부터 눈을 보호하며, 코속의 털은 외부의 먼지를 들어오지 못하도록 막아주며, 피부가 접히는 부위의 털은 마찰을 감소시켜 주는 등 다양한 기능들을 한다. 미용적인 측면으로는 헤어스타일과 컬러의 다양화를 표현할 수 있으며 특히 개성을 표현하는 중요한 역할을 한다.

## 3. 모발의 기원 및 발생

인간은 수정란이라는 한 개의 세포로부터 시작되어 세포분열을 거쳐 10~11일째 부터는 배엽을 형성 한다. 이때 배벽의 함몰로 생긴 안쪽의 벽을 내 배엽이라고 하며, 바깥쪽의 벽을 외배엽이라 한다. 모발은 인간의 외배엽에 있는 세포가 분화되어 발생하는 것으로 알려져 있다. 태아의 모발은 임신 12~14주에 성장하고 인종, 성별, 연령, 몸의 부위에 따라 모발의 굵기, 모질, 색소, 형태, 분포, 성장속도 등이 결정된다. 모발의 발생기는 전모아기, 모아기, 모항기, 모구성모항기, 완성모낭으로 나눈다. 모아의 형성 개시단계인 전모아기에서는 배아세포의 분열로 진피 내에서 침투하며 빠른속도로 모아기로 이행되고 모아기는 중간층 세포의 배아층 내에서 침투한다. 모항기는 진피내에 침입하여 기둥이 박혀 있는 형태가 되며 모유두 피지선에서 자리형성을 한다. 모낭의 끝부분이 둥글게 된 것을 모구라 부르며 이를 모구형성단계라 하며, 입모근 형성초기 단계인 모낭을 모구성모항기라 한다. 모낭은 약 5~6개월째 완전해지며 이와 같은 단계를 거쳐 발달된 모낭은 모낭하부, 협부형성을 하고 모발조직으로서 각 부분으로 분화되어 완성된 모발이 된다.

태아 모발과 인체의 발생

| | |
|---|---|
| 4-6주 | 외배엽,중배엽, 내배엽구분, 피부,성별,털등의 유전형질 결정,<br>8주에 머리형성 |
| 9-11주 | 머리, 몸통, 팔다리, 3등분 구분, 전체적인 윤곽 형성 시작단계 |
| 12-15주 | 모근형성,피부층강화, 뇌기관 형성, 약 16cm |
| 16-19주 | 모발생성,지문형성, 태아운동, 약18cm |
| 20-23주 | 모발색 진해짐, 피부층 혈관형성, 약30cm |
| 24-27주 | 피부지방분비촉진, 피부톤 붉어짐, 뇌기능발달, 신체조절, 약35cm |
| 28-31주 | 피하지방 생성, 취모의 연모화, 신경조직 발달, 골격완성단계,<br>약 42cm |
| 32-35주 | 모발길이 3cm, 피부체온조절가능, 호르몬 저장 |
| 36-39주 | 모발 연모화, 피부주름사라짐, 피하지방 발달, 약 45cm |

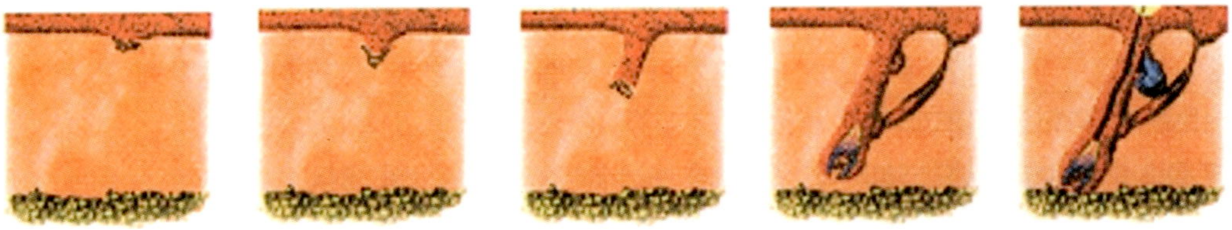

전모아기 모아기 모항기 모구성모항기 완성된모낭

## 4. 모발의 성장 및 주기

모발의 성장속도는 한가닥 한가닥이 모두 성장속도가 독립적으로 자라기 때문에 다르다. 모발의 수는 모유두의 수에 따라 결정되며 모유두는 모발을 성장시키는 성장기, 모근부가 수축되어 모유두와 분리되고 성장이 점차 늦어지는 퇴화기, 모유두가 활동을 완전히 멈추는 휴지기, 새로운 모발을 발생시키고 모유두가 다시 활동을 시작하는 발생기의 4주기를 모발 성장주기(헤어싸이클)이라고 한다.

### 1) 성장기 (Anagen Stage)

왕성한 세포분열을 하고 진피층 하부 및 피하지방 상층에 존재하며 호르몬, 연령, 건강상태, 성별 등에 따른 차이가 있다. 모발은 하루 0.35-0.4㎜ 정도 자라고 한 달에 10.5-12㎜ 정도 자란다. 전체 모발의 80-90%을 차지하고 성장기 남성은 3-5년, 여성은 4-6년 정도이다.

### 2) 퇴화기(Catagen Stage)

모구부의 점차적인 수축현상과 세포분열의 둔화 후 정지하며 전체모발의 1% 정도 차지하고 3-4주정도 소요되는데 단, 산후탈모증이 있을 경우는 제외된다.

### 3) 휴지기(Telogen Ctage)

모유두와 분리되며 진피층 상부에 있는 모구부에 위치한다. 기간은 3-4개월 정도이며 전체모발의 10-15%정도 차지하고 산후 탈모증은 30%정도로 호르몬의 영향을 받는다. 특히 샴푸나, 브러싱 등 약한 자극에도 쉽게 탈모가 된다.

## 4) 발생기(Return to Anagen)

모구부가 모유두와 결합하여 새로운 모발을 형성하고 배아세포의 세포분열에 의하여 모구가 팽창되어 신생모가 성장하는 기간으로 유전이나 체질, 질병, 연령 등에 따라서 차이가 있다.

모발의 성장주기

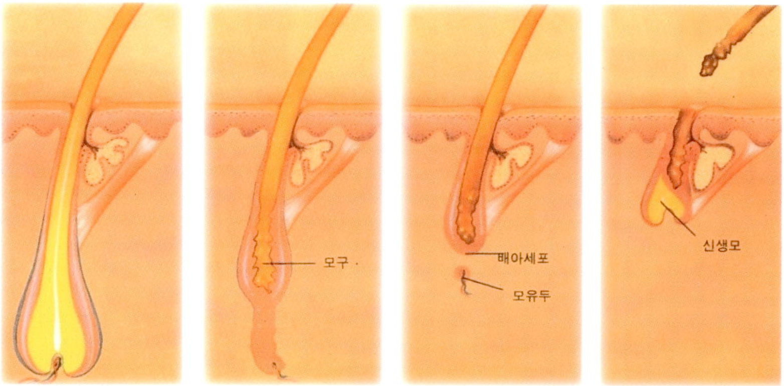


성장기 퇴화기 휴지기 발생기

# 5. 모발의 성분

모발은 80~90% 단백질로 이루어져 있으며 그 외 수분은 11~13%, 지질은 1~9%, 멜라닌 색소는 3%이하, 미량원소 0.6~1%등이 포함된다.

## 1) 케라틴 단백질

모발은 시스틴 결합(ss결합) 을 많이 포함하고 있는 케라틴 단백질로 구성되어 있으며 18종의 아미노산으로 구성되어 있고 아미노산은 탄소(C) 약 50%, 산소(O) 약 22%, 질소(N) 약 17%, 수소(H) 약 6%, 황(S) 약 5% 등의 원소로 구성되어 있다. 경 케라틴으로 불리는 모발은 황을 포함한 섬유상 단백질이며 모발의 주성분인 단백질은 시스틴을 15~18%로 가장 많이 포함하고 있다. 그래서 모발을 태우게 되면 역겨운 냄새가 나는데 이것은 모발 단백질을 분해하여 생긴 유황화합

물의 냄새 때문이다.

## 2) 지질

모발은 표면이나 내부에 지질이 존재하며 표면에 있는 것은 두피의 피지선에서 분비된 것이고 내부에 있는 것은 CMC을 구성하고 있으며 개인차가 있지만 대부분 모발 전체에서 1~9%을 차지하고 있다.

## 3) 멜라닌 색소

멜라닌 색소는 모발의 콜텍스 영역에 존재하며 흑갈색계의 유 멜라닌과 적갈색계의 페오 멜라닌으로 나눈다. 모발 색은 멜라닌 색소의 양, 크기, 조합으로 결정된다.

4) 수분

수분은 보통 자연상태에서는 10~15%을 함유하고 있으며 샴푸 후에는 30~35%, 드라이 건조 후에는 10%정도 함유한다. 수분이 10%이하인 경우에는 푸석거림과 뻣뻣해짐이 생기는데 이를 건조모라고 한다. 또한 수분의 양은 습도와 온도에 따라 좌우되며 유연성, 윤기, 강도 등에서 큰 영향을 미친다.

## 5) 미량원소

전체 약 0.1%을 차지하는 미량원소는 모발을 건강하게 유지하는데 필수적인 요소이다. 백모는 니켈(Ni)이 관여하고 황색모는 타이타늄(Ti), 적색모는 철(Fe), 흑모는 구리(Cu), 그 외에도 린, 케이 등의 비금속을 포함한 약 30종류에 의해 결정된다.

# 02 모발의 형태 및 구조



## 1. 모발의 구조

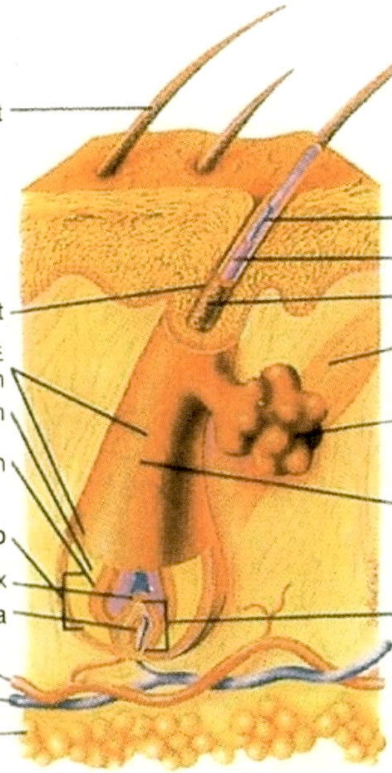


모발의 구조

### 1) 모근부 구조

#### (1) 피지선(sebaceous gland)

모낭에서 유래하였으며 모낭벽 위에서 약 1/3 지점에 존재하고 얼굴과 두피에 가장 많다. 손바닥, 발바닥, 구강점막 및 입술 경계부위를 제외한 전 피부에 분포되어 있고 분비된 피지 역할은 수분과 함께 막을 만들어 모발에 건조함을 막으며 윤기와 부드러움을 준다.

(2) 기모근(arrector pili muscle)

모낭의 밑 부분에서부터 1/3지점에 부착되어 모발을 붙잡고 있는 작은 근육이며 자신의 의지에 따라 움직이지 않고 교감신경에 의하여 근육이 자율적으로 조절된다. 입모근이 수축 시 털을 세우게 되며 모공이 닫히게 되어 체온 손실을 막아준다. 눈썹, 속눈썹 코, 입술에는 존재하지 않는다.

(3) 한선(sweat gland)

피지선의 구멍을 통해 땀을 분비하는 땀샘은 대한선과 소한선으로 나누며 땀의 형태를 노폐물과 수분을 신체 밖으로 배설하고 수분과 열을 조절하여 두피에 수분 유지와 체온조절을 한다. 대한선은 겨드랑이, 생식기 주위, 유두 주위에 분포되어 있어 액취증을 유발하고 감정이 변화될 때 작용이 활발하다. 소한선은 모공과 분리된 독립적인 한선으로 혈액과 신체 체온조절의 중요한 역할을 하고 약산성 무색이며 무취이다.

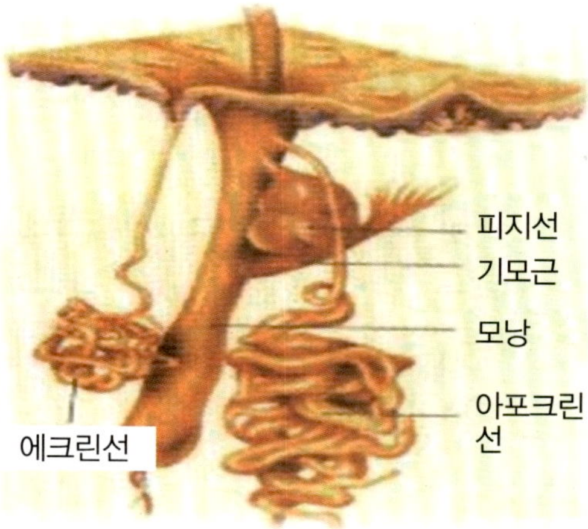


모근부 구조

(4) 모낭(hair follicle)

모발을 둘러싸고 있는 주머니 모양으로 손바닥, 발바닥, 음경귀두, 점막, 피부 경계부를 제외한 모든 피부에 분포되어 있다.

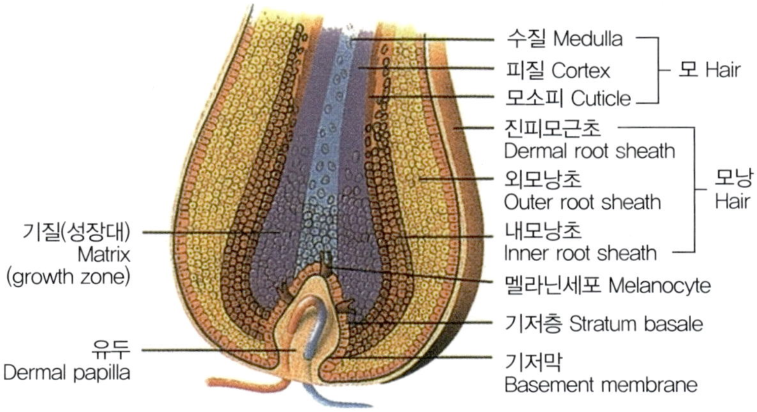


모낭

### (5) 모구(hair bulb)

모낭의 가장 아랫부분에 둥글게 팽창되어 있으며 내부에는 모모세포, 멜라닌 세포로 구성되어 있고 아랫부분은 오목하게 되어 있으며 움푹 패인 부분은 진피 세포층에서 나온 모유두가 있다.

### (6) 모모세포(hair matrix)

모발을 형성하는 주세포로 피부의 연장부분이며 모발이 성장을 이루어 세포 분열을 이루는 곳이다. 모모세포가 모유두를 덮고 있으며 모유두에서 영양을 공급받아 분열 증식하여 모발을 생성한다.

## 2) 모간부 구조

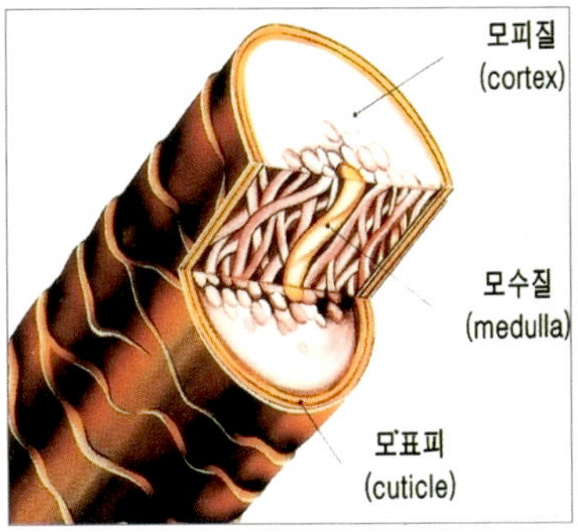


모간부 구조

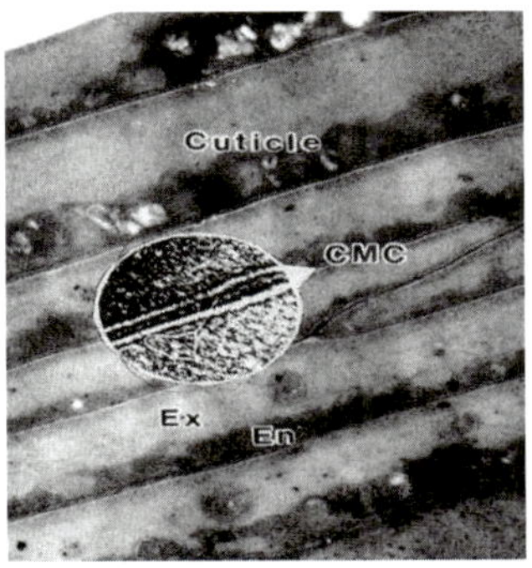


모표피

모수질

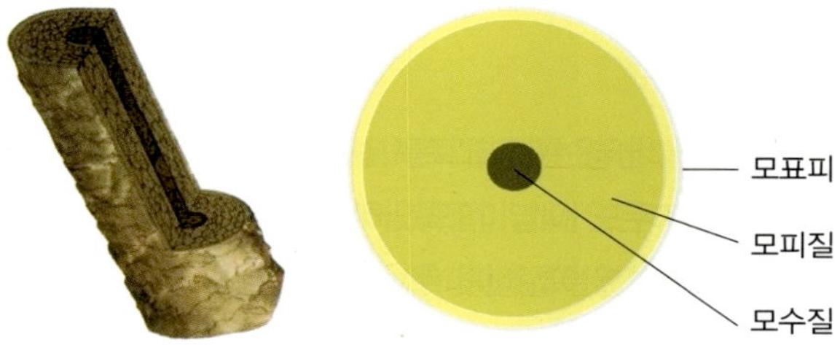


### (1) **모표피**(Hair Cuticle)

모발의 가장 겉 표면에 위치하고 모발전체의 10~15%을 차지하고 보통 5~15층으로 겹쳐 있으며 생선 비늘같이 딱딱한 무색을 띄는 투명한 세포로 모근에서 모발 끝으로 향하고 있다. 모발을 보호하고 수분증발을 억제하며 친유성의 특징을 갖는다. 케라틴이라는 경단백질로 구성하고 있으며 모표피는 3개의 층으로 외측부터 에피큐티클(epicuticle), 중간층인 엑소큐티클(endocuticle), 내측의 엔도큐티클(endocuticle) 이 있다.

### (2) **모피질**( Hair Cortex)

모표피 안쪽의 층으로 모발의 85~90%을 차지하며 멜라닌 색소를 함유하고 있다. 모발의 성질을 좌우하는 부분으로 담배 필터를 절개 놓은 것 처럼 매우 가느다란 다발로 되어 있으며 모발의 탄력과 강도, 질감 등의 모발 성질을 결정한다. 주성분은 피질세포와 간충 물질로 이루어져 있으며 화학적 헤어시술 작용 시 가장 영향을 받는 부분이다.

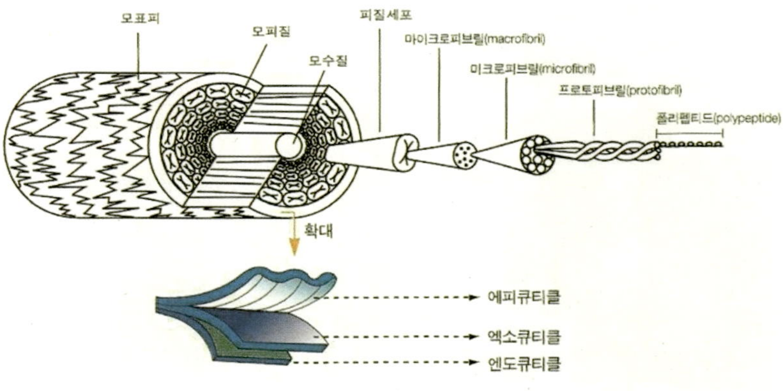


모간의 구조

### (3) 모수질( Medulla)

모발의 중심부에 있는 모수질은 반드시 존재하는 것은 아니다. 구멍이 많은 벌집 상태의 다각형의 세로이며 멜라닌 색소을 함유하고 시스틴 함량은 모피질보다 적으며 물리적 화학적 성질은 아직 밝혀지지 않았으며 모발에 따라서 군데군데 잘려 있는 것도 있다. 일반적으로 모수질이 많은 모발은 웨이브 형성이 잘 되고 모수질이 적은 모발은 웨이브 형성이 어렵다고 알려져있다. 웨이브 형성이 잘 안되는 어린이 모발은 연모이기 때문에 모수질이 거의 존재하지 않는다.



## 2. 모발의 종류

### 1) 모발의 형태에 따른 분류

일반적으로 직모, 파상모, 축모의 3가지로 크게 분류할 수 있다.

직모는 직선상의 모발로 물결치는 모양의 모발이며 동양인(황인종)이나 에스키모, 아메리카 인디언, 폴리네시아인 등이 포함된다. 파상모는 파상을 이루는 모발로 파상의 정도가 강한 것은 굵은 코일 모양으로 감겨 있는 경우도 있으며 백인(백인종), 오스트레일리아 원주민, 에티오피아인, 인도네시아인 등이 포함된다. 축모(곱슬모)는 작게 오그라진 모발과 나선모라고 불리는 형이 있다. 나선형으로 모발이 굉장히 강하고, 나선상으로 오그라들어 큰 콩알만 한 크기로 조금씩 모여나 있는 것으로 아프리카의 흑인종, 벵골만의 인다만인, 멜라네시아제족, 파푸아제족 등에서 볼 수 있다.

### 2) 굵기에 따른 분류

모발은 굵기에 따라서 취모, 연모, 경모, 종모로 분류 할 수 있다. 취모는 태아시기에 형성되며 가늘고 연한 색의 털이 존재하는데 이는 섬세하고 부드럽고 모발색이 연한 것이 특징이다. 모발의 굵기는 약 0.02㎜로 배냇머리라고하고 큐티클은 미완성 상태이다. 연모는 피부의 대부분을 차지하고 있는 솜털을 말하고 탈모진행형 모발로 0.08㎜ 이하로 가늘고 짧으며 색소가 존재하지 않는다. 보통 사춘기 이전의 모발이며 사춘기 이후에 대부분 경모로 바뀐다. 경모는 보통 굵고 긴 털을 의미하며 0.15~0.20㎜정도 이며 머리카락, 눈썹, 속눈썹, 수염, 겨드

직모

파상모

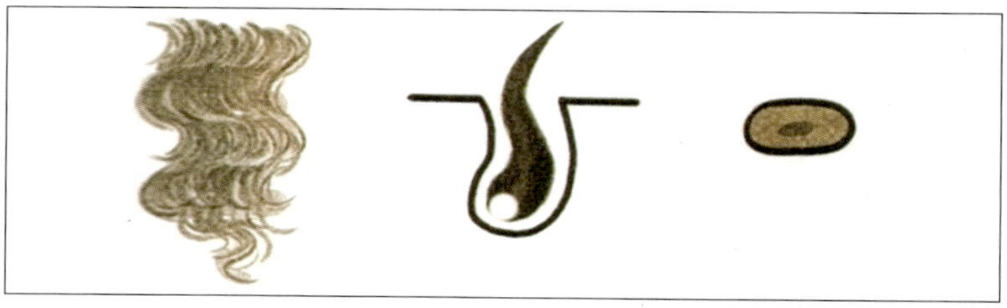

축모

랑이 털, 생식기주변에 나는 털을 말하고 단단한 단백질 결합과 호르몬의 영향을 받게 된다. 종모는 연모에서 경모화된 모발을 말한다.

## 3. 모발의 결합

모발의 결합은 수소결합, 시스틴 결합, 염결합, 펩타이드 결합으로 나눈다. 측쇄결합 중 가장 약한 결합으로 모발 內 가장 많이 존재하고 있는 결합으로 모발이 물에 젖으면 수소결합이 끊어지고 이 상태에서 롯드를 말아 건조시키면 수소결합이 재결합되어 웨이브가 형성되는(블로우 드라이와 헤어세팅에 이용) 수소결합, 다른 천연섬유(견,모,면)와 합성섬유에서는 볼 수 없는 결합으로 케라틴을 특징짓는 결합이며 측쇄결합 중 물리적으로 가장 강하고 물이나 약산에는 끊어지지 않으며 화학적인 반응(열, 알칼리, 환원제)에 의해 쉽게 절단되고 다시 재결합하며 퍼머넌트웨이브 1액을 도포한 후 당기면 작은 힘으로 시스틴 결합을 끊을 수 있는 시스틴 결합(황결합), 모발의 등전점(pH 4.5~5.5)에서는 강하고 산성 또는 알칼리성에서는 결합이 끊어지는데 산과 알칼리의 밸런스가 깨지면 염결합은 끊어지고 본래의 상태로 돌아가면 다시 결합은 연결되는데 이것을 염결합(이온결합)이라 하는데 이와 같은 원리를 이용한 것이 펌 제이다.

주쇄와 같은 결합으로 그 수는 작으나 가장 강한 결합이다. 아미노산의 카르복실기(–COOH) 와 아미노산의 아미노기(–$NH_3$)에서 물 ($H_2O$)이 탈수되면서 –CO–NH가 결합된 것으로 강산, 강알카리 등에 의해 절단되는 펩타이드 결합이 있다.



## 4. 모발의 특성

### 1) 모발과 pH

pH는 수소이온농도 지수(Power of Hydrogen ions,폐하) 로 물에 녹아 있는 수용액의 산성, 알칼리 등을 측정하기 위해 사용되는 수치이다. 모발의 pH라고 하는

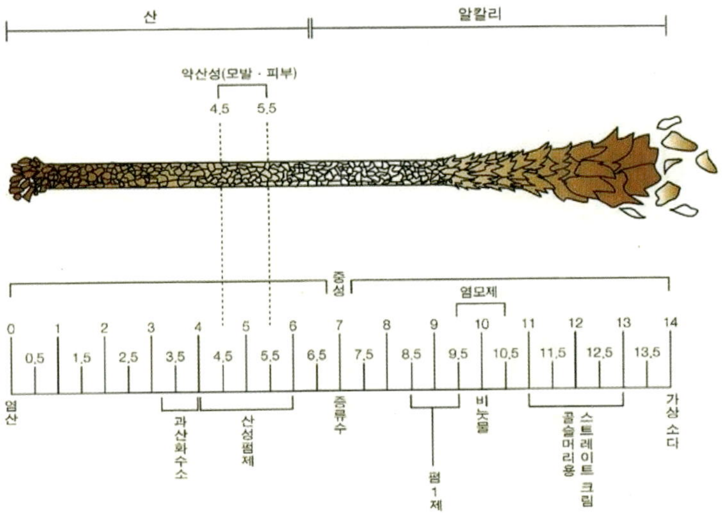


pH 수소이온농도 지수(Power of Hydrogen ions, 폐하)

것은 모발 중에 함유되어 있는 수분의 pH를 말하는 것으로 건강한 모발의 pH는 4.5~5.5사이의 약산성 상태이다. 즉 피부와 모발의 최적의 상태를 유지해 세균의 침입으로부터 보호를 한다. 모발이 강산성인 경우는 단백질이 수축, 응고되어 딱딱하게 되며, pH10 이상의 알칼리성인 경우에는 모발이 팽윤. 연화되어 모발의 손상을 초래한다.

### 2) 모발의 탄력성

모발에 힘을 주어 잡아 당겼다가 놓았을 때 원래의 모양과 크기로 되돌아가려는 성질을 말한다. 즉, 물리적 변형인 블로우 드라이, 세팅, 아이론 등이며 화학적 변형은 퍼머넌트 웨이브이다.

### 3) 모발과 수분

수분은 모발에서 중요한 역할을 하고 건강한 모발은 중량의 약 15% 전.후의 수분을 함유한다. 모발은 공기 중에 습도가 높으면 수분을 흡수하고 건조하면 수분을 빼앗아감으로 모발의 수분 량에 따라 모발의 상태가 결정된다. 보통모발은 10~15% 수분을 함유하고, 손상모의 경우는 10%이하, 샴푸 직.후 약 30~35%수분 상태로 모경은 15%로 팽창한다.

### 4) 모발과 열

모발은 단단한 경 케라틴으로 되어 있지만 필요 이상 열을 가하면 단백질이 변성되어 원래의 모발로 돌아갈 수 없다. 건열에서는 120℃ 전후에서 팽화가 일어나며 130~150℃ 에서는 모발 변색이 시작된다. 270~300℃가 되면 타서 분해되지만 펌제의 의해 젖은 모발과 시술 후 약제가 모발에 잔류한 경우에는 케라틴 구조에 커다란 변화를 일으켜 치명적 손상을 초래한다.

일반 펌 시술시 1제 도포후 처리 온도는 60℃ 이하가 바람직하며, 세팅 펌 시술시 이용되는 로드의 열은 120~160℃가 바람직하다. 모발 내 수분을 20~30% 함유시켜 주기 때문에 약 40℃ 전후의 온도가 하강되어 실제로는 약 80~120℃의 온도에서 컬이 형성되며 아이론 펌에 이용되는 열은 80~100℃가 적당하다.

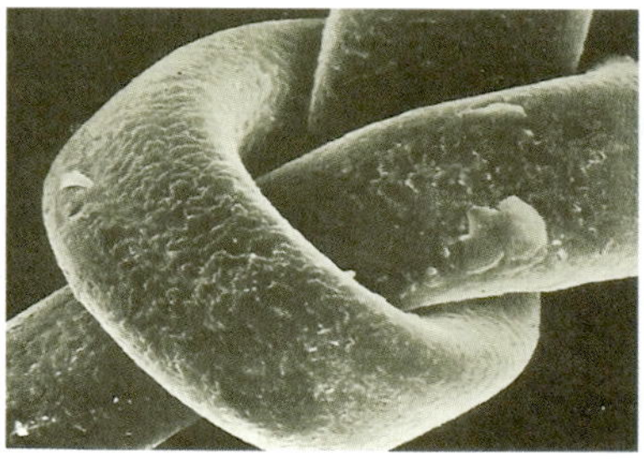
건강모

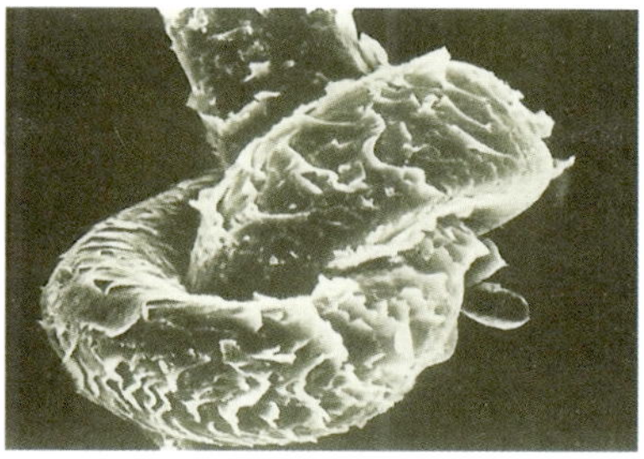
손상모

## 평가표

| 학습 내용 | 학습 목표 | 학생평가 | | | 교수평가 | | |
|---|---|---|---|---|---|---|---|
| | | 상 | 중 | 하 | 상 | 중 | 하 |
| 모발 생리학 | • 모발의 정의를 이해하고 파악할 수 있다 | | | | | | |
| | • 모발의 기능을 이해하고 파악할 수 있다 | | | | | | |
| | • 모발의 성장 및 주기를 이해하고 파악할 수 있다 | | | | | | |
| | • 모발의 성분을 이해하고 파악할 수 있다 | | | | | | |
| | • 모발의 종류를 이해하고 파악할 수 있다 | | | | | | |
| | • 모발의 특성을 이해하고 파악할수 있다 | | | | | | |

## 서술형 시험

| 학습 내용 | 학습 목표 | 성취수준 | | |
|---|---|---|---|---|
| | | 상 | 중 | 하 |
| 모발 생리학 | • 모발의 정의를 이해할 수 있는 능력 | | | |
| | • 모발의 기능을 이해할 수 있는 능력 | | | |
| | • 모발의 성장 및 주기를 이해할 수 있는 능력 | | | |
| | • 모발의 성분을 이해할 수 있는 능력 | | | |
| | • 모발의 종류를 이해할 수 있는 능력 | | | |
| | • 모발의 특징을 이해할 수 있는 능력 | | | |

| 과제1. | 모발의 성장 및 주기에 대하여 정리해 보자 |
|---|---|
| 과제2. | 모발의 종류에 대하여 정리해 보자 |
| 날자 | |
| 주제 | |

제5장

5

# 탈모와 모발의 영향

| 학습 내용 | 학습 목표 |
|---|---|
| 탈모 | • 탈모의 원인과 종류를 이해하고 파악할 수 있다 |
| | • 모발의 영양을 이해 할수 있다 |
| | • 탈모 시장의 현황을 이해하고 파악할 수 있다 |

# 01 모발과 영양

## 1. 두피 건강의 중요성

'건강한 모발은 건강한 두피에서' 라는 말이 있듯이 모발을 건강하게 하기 위해서 적당한 피지막과 정상적인 각화작용이 잘 이루어지는 두피는 필수불가분의 관계이다. 모발은 두피 속에 혈액으로부터 영양공급을 받아 성장한다. 특히 모유두의 모세혈관을 통해 모발이 성장하게 되고 단백질과 비타민, 미네랄 등이 필요하다. 피부를 건강하게 하는 비타민과 여러 종류의 아미노산을 포함한 단백질을 균형 있게 섭취함으로서 건강한 두피와 모발로 성장할 수 있다. 그리고 건강한 모발은 가모 소재로 다시 재탄생하여 여러 형태와 목적에 따라 아름다운 가모로 탄생 할 수 있다.

## 2. 모발과 음식

모발을 위해서는 단백질뿐만 아니라 비타민과 미네랄 특히 철, 아연이 필요하고 충분한 영양을 주기 위해서는 여러 종류의 아미노산이 포함된 단백질을 균형 있게 섭취하는 것이 매우 중요하다. 특히 두피·모발에 관여하는 주요 식품으로는 호두, 잣, 솔잎, 검은콩, 동물의 간과 등 푸른 생선, 다시마와 미역, 당근, 시금치, 녹차, 구기자차 등이 있으며, 유해한 식품은 단 음식, 동물성 지방이나 기름진 음식, 탄수화물 식품, 술, 담배, 카페인, 인스턴트 식품 등을 들 수 있다.

## 3. 모발과 호르몬

모발은 여러 가지 호르몬의 영향을 받는다. 모발의 성장 및 탈모와 관련이 깊은 뇌하수체 호르몬이나 특정 호르몬의 과다분비 및 분비 이상은 두피 트러블과 모발성장의 이상 등의 현상으로 나타 날 수 있다. 또한 모발에 대한 호르몬들의 작용은 서로 관련성을 가짐으로써 몸 전체의 기능이 원활하게 되며 모발 전체의 기능도 유지되는 것이다. 특히 모발에 대한 신진대사 기능 및 성장에 관련이 있는 갑상선 호르몬의 생성을 도와주는 요오드 성분은 모발의 건조화 현상을 막고 윤기를 부여 한다. 부신피질 호르몬인 안드로겐의 분비가 과다하면 여성의 경우, 음모와 체모가 증가하고 수염이 나기도 한다. 부신피질호르몬에서 분비되는 코타솔은 원형탈모, 건선 피부염을 유발하기도 한다. 남성 호르몬의 경우는 탈모증에 가장 중요하게 관여한다고 할 수 있으며 과잉 분비 시 탈모가 진행된다.

# 02 탈모

탈모는 정상적으로 모발이 존재해야 할 부위에서 소실되는 질환을 총칭하는 것으로서 주로 두피에서 발생하며 3~6년의 모발 주기에 수명을 다하지 못하고 빠지는 현상을 말한다.

탈모증은 생장기 모낭의 모구 안과 주변에 림프구 침윤이 특징인 원형탈모증과 모낭의 누두부 주위로 림프구 침윤이 나타나는 경우인 흔한 유전성 안드로겐 탈모증과 전체 모발 중 25% 이상 되면 확진할 수 있는 휴지기 탈모증, 비정상적인 버릇으로 모발을 뽑는 습관에서 나타나는 발모 벽과 그 외 피하지방층에 괴사 및 대식세포 침윤을 보이는 경우와 혈관 내에 혈전이 보이는 압박성 탈모증 등으로 나눌 수 있다.

## 1. 탈모의 원인

탈모의 원인에는 호르몬의 영향과 과도한 스트레스와 임신과 출산, 유전적인 요인, 지루성 피부염, 외부적인 요인, 식생활, 기타 원인 등이 있다. 정신적·육체적으로 스트레스가 쌓이면 자율신경 실조증을 초래하여 모발의 발육을 저해하여 두부에 혈액이 잘 공급되지 않고 모발에 영양이 전달되지 못함으로 탈모가 진행된다. 보통 심한 스트레스를 받으면 2~4개월이 지나서 탈모가 시작되고 하루에 120~400개 이상 탈모가 되기도 한다. 현대에는 과다한 업무, 심한 다이어트와 스트레스로 인한 탈모가 주로 20대 젊은 층에서 많이 나타나고 있는 추세이다. 남성호르몬은 피지 분비를 촉진하므로 지루성과 탈모의 원인이 되며 여성의 경우 임신을 하게 되면 여성 호르몬의 증가로 휴지기의 모발이 빠지지 않다가 출산을 하고 여성호르몬이 감소되면서 휴지기 모발이 한꺼번에 빠져 탈모가 생긴다. 이러한 탈모의 원인은 출산 후 2~6개월 정도 지나면 자연스럽게 다시 회복되기도 한다. 외부적인 요인으로는 화상, 염증, 외상 등의 상처나 펌, 염색, 탈색, 스타일링 등의 헤어 시술에 사용되는 화학 약품과 공해로 인하여 두피를 손상시키거나 모근을 위축시켜 탈모를 유발시키기도 한다.

## 2. 탈모의 종류

### 1) 자연탈모

하루에 40~100개 정도가 빠지고 각각의 모발 출생일이 다르며 다른 모공에서 출생한다. 즉 정상적인 모발의 모주기 기간을 통해 자연스럽게 교대로 빠지는 모발을 생리적 자연탈모라고 하며 1일 100개 이하인 경우는 자연탈모라고 할 수 있다.

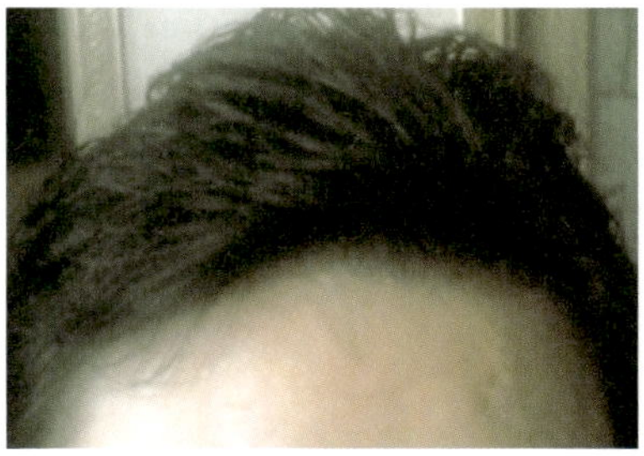
여성(50대초반), 실사촬영

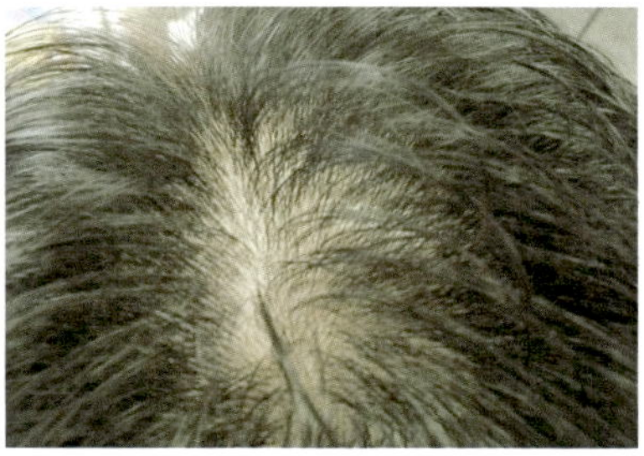
남성(40대후반), 실사촬영

### 2) 탈모진행형

탈모진행형 두피는 얼룩현상이 심하고 모발의 점진적 연모화 현상과 함께 다양한 원인으로 나타나고 정수리 및 두정부에 주로 발생하며 인체 건강상태와 밀접한 연관이 있다. 대부분 서서히 진행되며 예방적 측면이 최우선이다.

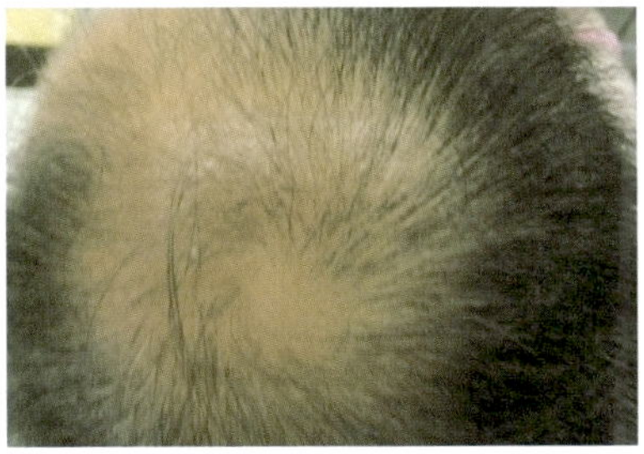
남성(50대후반), 실사촬영

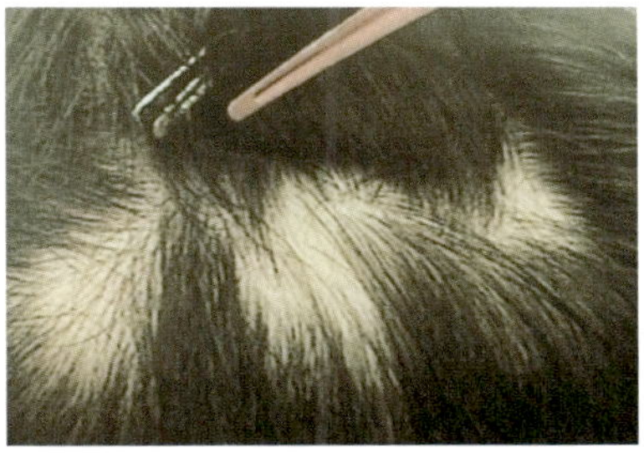
여성(40대후반), 실사촬영

### 3) 원형탈모

원형탈모는 가려움증이나 전염성은 없지만 탈모가 시작되는 경계선이 확실하며 모발이 잘 빠진다. 탈모 부위가 붉고 피부가 함몰되며 정상화되기까지는 최소 4~6개월 정도가 소요된다. 주로 스트레스와 유전적 요인이 10~20%정도 차지한다.

여성(50대), 실사촬영

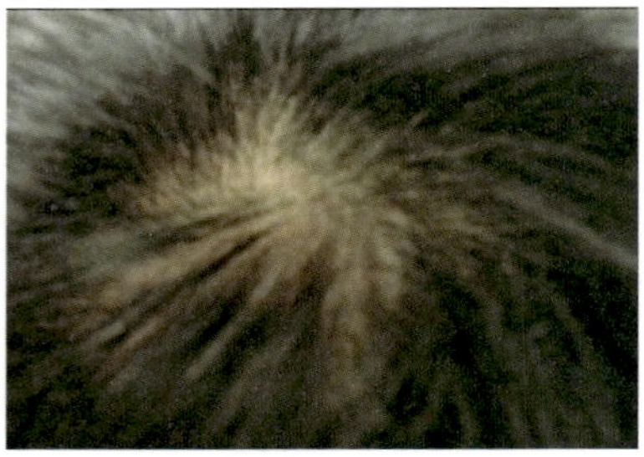
남성(50대), 실사촬영

### 4) 남성탈모

남성탈모는 전두부에서 두정부에 걸쳐 전체적으로 탈모가 진행된다. 탈모 초기에는 두껍고 긴 성장기 모발이 휴지기 모발이 되어 탈모가 되며 턱수염, 가슴털, 팔, 다리 등 다른 체모는 털이 많아진다. 원인으로 유전적 요인이 강하고 남성호르몬의 영향을 받는다.

남성(50대중반), 실사촬영

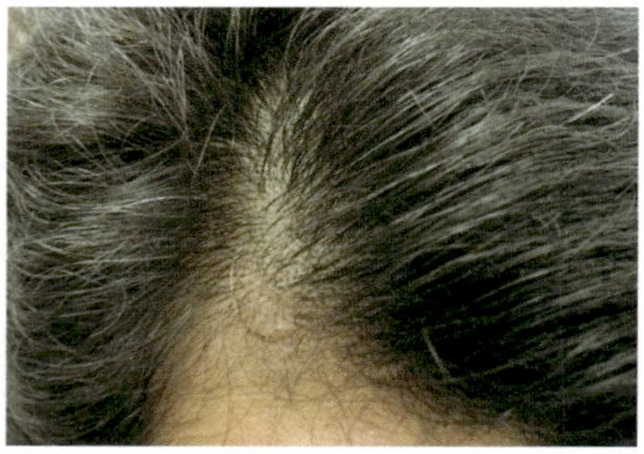
남성(50대후반), 실사촬영

## 5) 여성탈모

여성탈모는 정수리 부분부터 모발이 약해지기 시작하여 앞머리가 둥글게 연모화 되어 두피가 보이기 시작한다. 일정한 형태는 없지만 일반적으로 25~ 30세부터 나타나기 시작하며 남성호르몬의 영향을 받는다. 그리고 피임약이나 심한 다이어트로 인하여 안드로겐 분비가 활성화 된다.

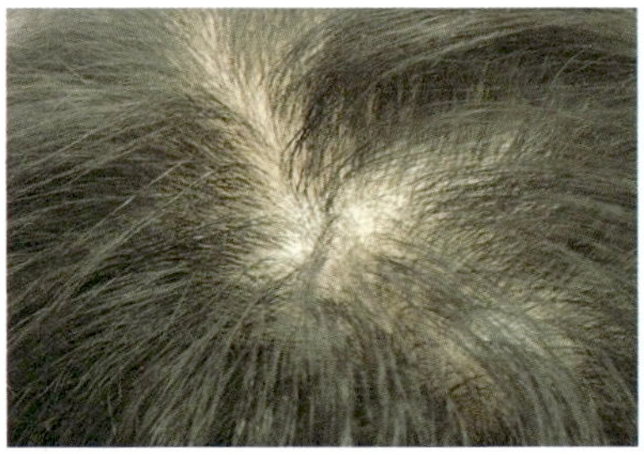

여성(40대중반), 실사촬영

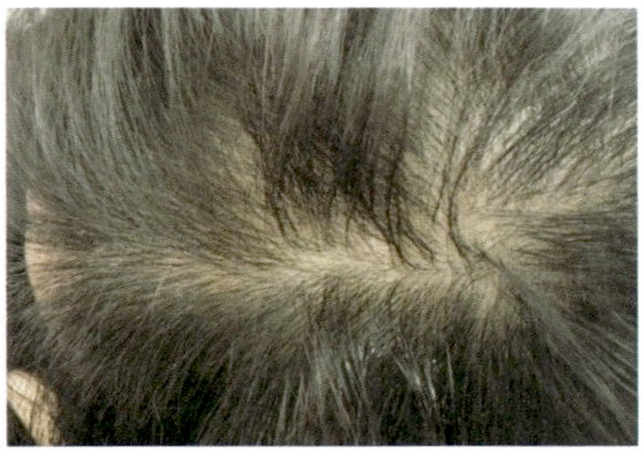

여성(40대중반), 실사촬영

## 6) 휴지기성 탈모

휴지기성 탈모는 산후 휴지기 탈모가 대표적이다. 탈모위치는 헤어라인 3/1부분에서 주로 빠지며 남성 탈모증과 유사하며 전체 모발에 25~45%정도가 된다.

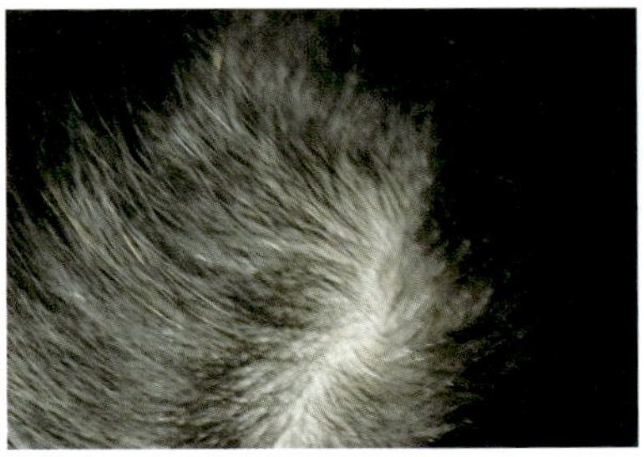

여성(40대중반), 실사촬영

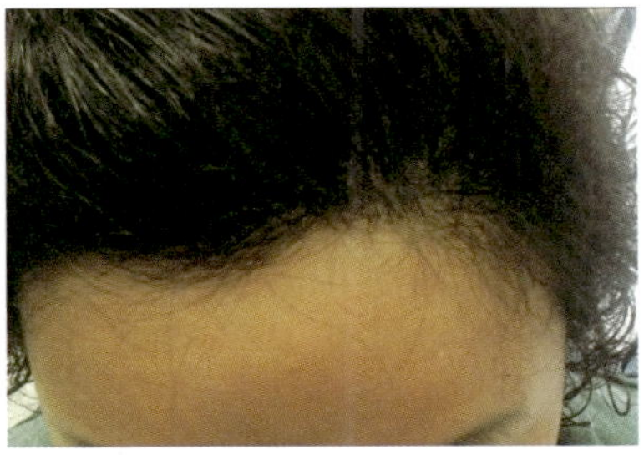

여성(40대중반), 실사촬영

### 7) 내분비 질환에 따른 탈모

내분비 질환으로 생기는 현상으로 갑상선 기능 항진탈모와 저하 탈모는 머리 전체에 널리 퍼져 일어나며 주로 갑상선 호르몬이 과도하게 분비되어 새로운 성장기 모가 발육하기 어려운데다 휴지기 모 까지 빠져 생기는 탈모이다. 갑상선 저하 탈모는 뇌하수체에서 분비되는 갑상선 자극 호르몬에 따라 분비되는 호르몬이며 모발에 있어서 탈모와 각화를 촉진한다.

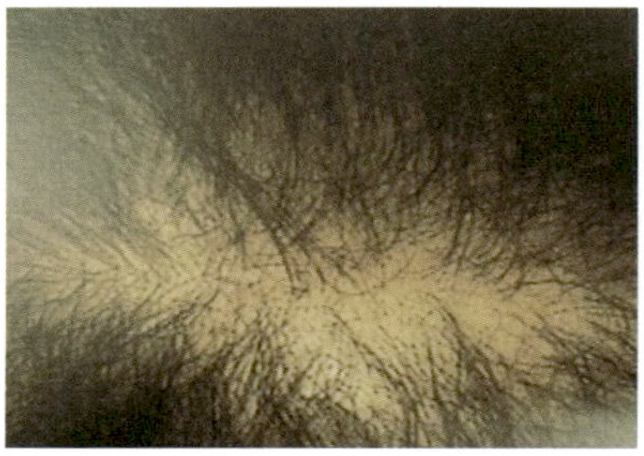

여성(50대후반), 실사촬영

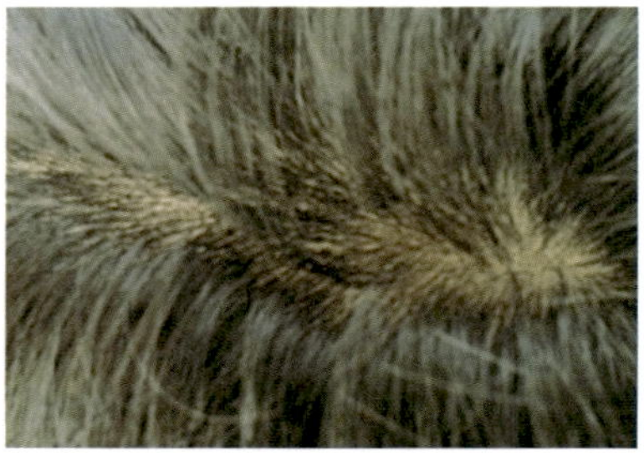

여성(40대중반), 실사촬영

### 8) 약제성 탈모

약제성 탈모는 주로 항암제를 주사하거나 복용하면 세포 분열이 적은 조직은 거의 영향을 주지 않지만 세포분열이 활발한 생식세포나 모모세포 등은 파괴되기 때문에 발생한다.

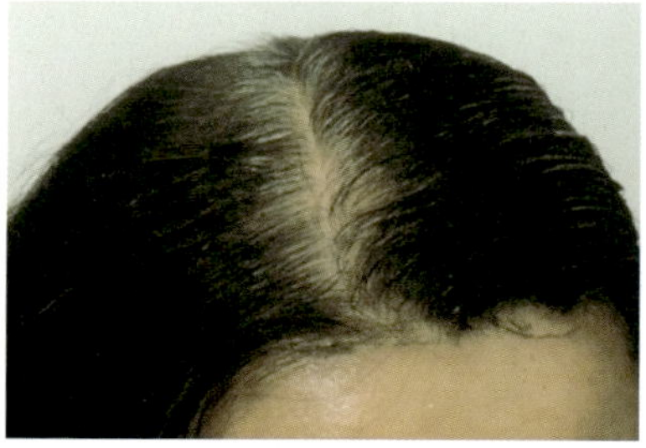

여성(50대후반), 실사촬영

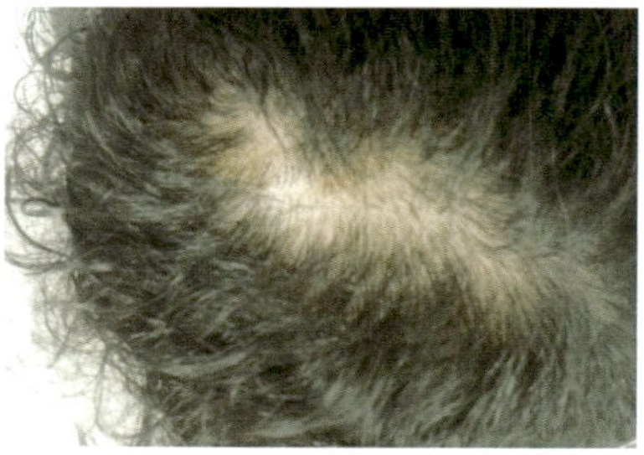

여성(40대중반), 실사촬영

### 9) 견인성 탈모

부주의한 사고로 모발이 기계에 말려들어 가게 되어 탈모가 되는 경우를 말한다. 일반적으로 포니테일 같은 머리형을 장기간 계속 하면 측두부에 견인성 탈모가 유발되며 모발을 잘 못 셋팅하는 습관에 의해서도 탈모되는 경우가 있다.

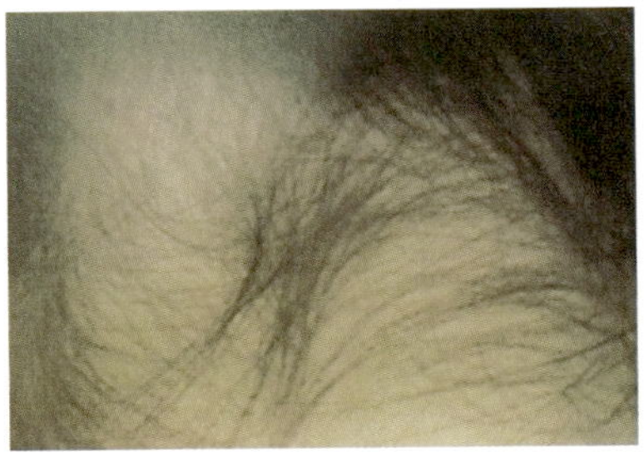

여성(40대), 실사촬영

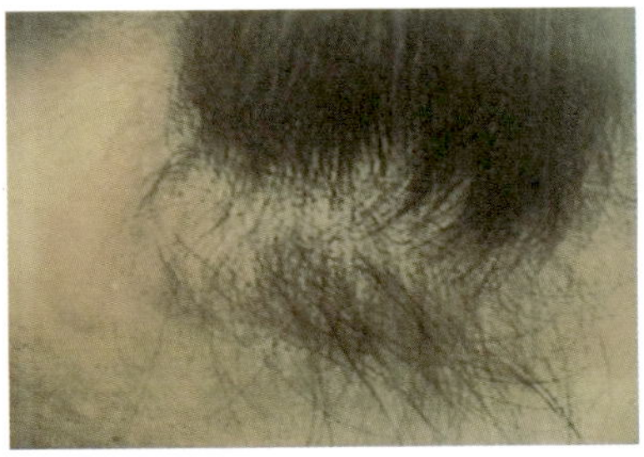

남성(50대), 실사촬영

### 10) 반흔(흉터)성 탈모

흉터성 탈모는 모근의 파괴에 의해 일어나는 탈모증으로 외상이나 화상에 의해 모근이 파괴되거나 피하조직에 세균이 감염되어 흉터가 만들어져서 모발이 자랄 수 없는 경우에 발생한다.

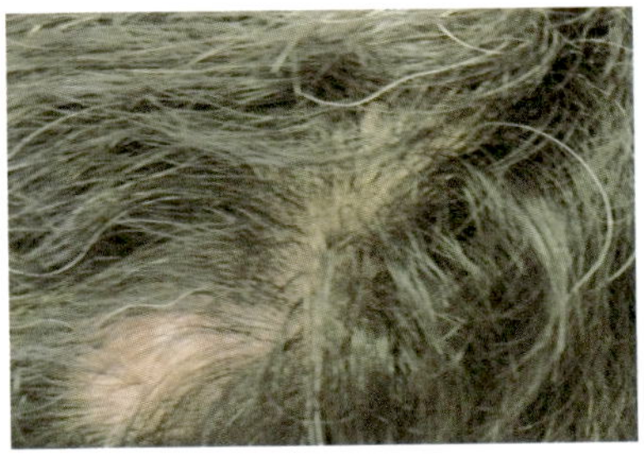

남성(50대후반염증감염), 실사촬영

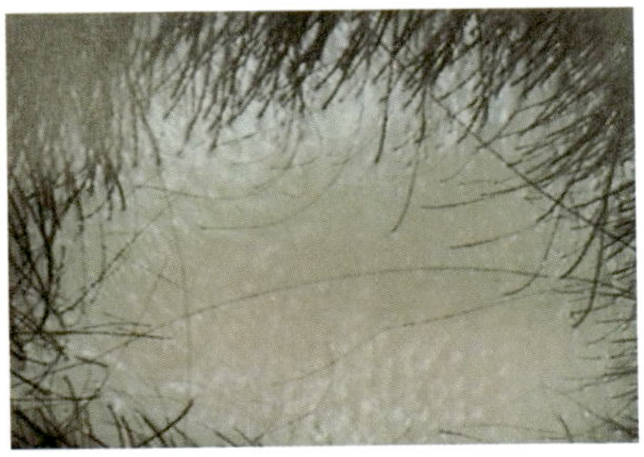

남성(40대세균감염), 실사촬영

### 11) 매독성 탈모

매독성 탈모는 매독감염 후 발생하는 탈모로 후두부나 측두부에 원형 또는 타원형의 작은 탈모가 발생하여 벌레 먹은 것처럼 보이는 것과 측두부에 퍼져 탈모가 되는 경우이다.

### 12) 유전성 탈모

유전적 탈모는 가족력 영향으로 오는 것이며, 우리 몸의 건강과 밀접한 관계가 있다. 그러므로 가급적 스트레스를 받지 않는 것이 좋으며 일찍 자고 일찍 일어나는 습관과 인스턴트 음식이나 기름진 육류는 피하고 해조류나 견과류, 뿌리채소 등의 영양을 생각하는 규칙적인 식사와 가벼운 운동이 탈모예방에 좋다.

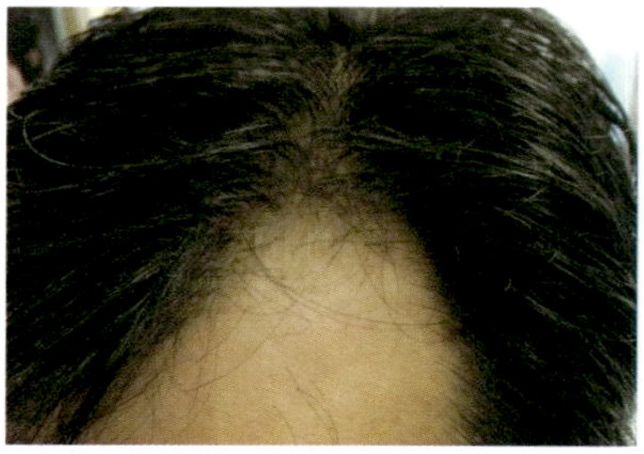

여성(40대), 실사촬영

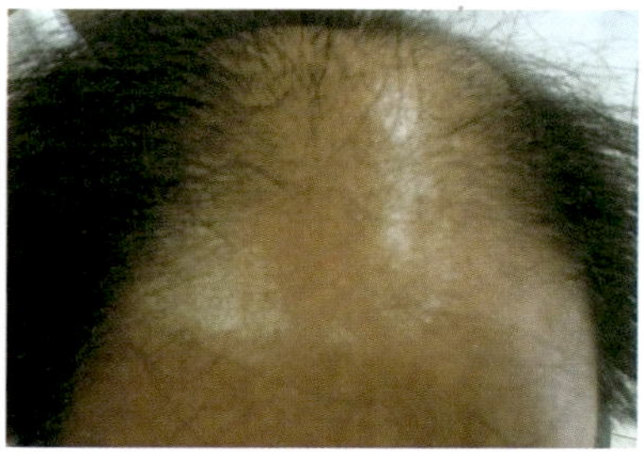

남성(50대), 실사촬영

### 13) 스트레스에 의한 신경성 간선 비듬 탈모

심한 스트레스, 내분비호르몬 조절기능(ADH)저하, 수면장애, 면역계이상 등과 같이 혈관을 수축되게 하여 혈류흐름을 방해하고 영양공급 장애로 저 체중과 함께 피지선의 피지분비이상, 피지산화, 심한 지루성비듬, 지루성염증, 건선비듬 등 복합적인 두피질환으로 두 개피흡착, 모근 위축을 동반하여 탈모를 발생 시킨다.

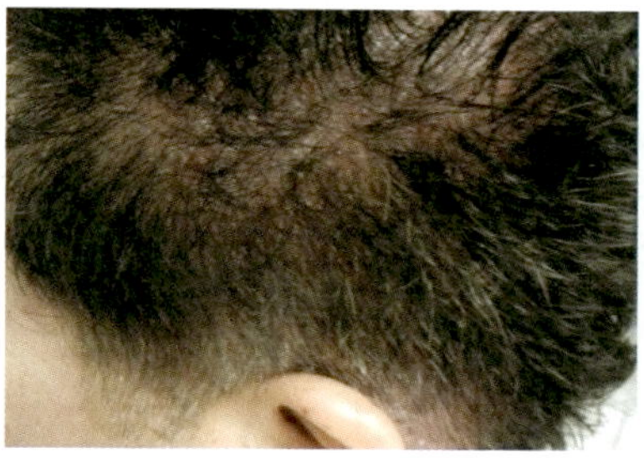

남성(50대 사이드부분 건선비듬), 실사촬영

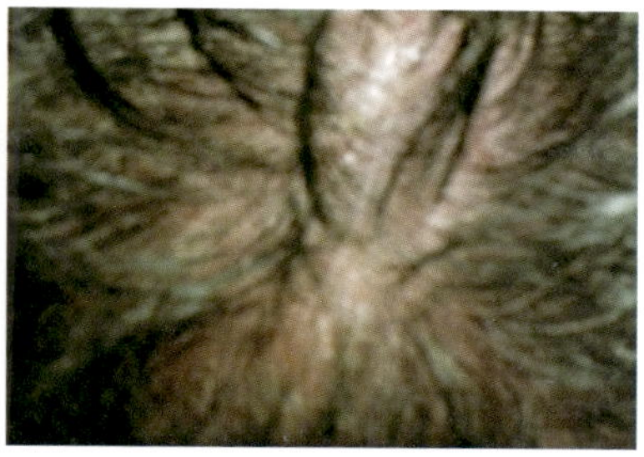

남성(50대 탑부분-백사이드부분 염증), 실사촬영

## 3. 탈모 관리방법

탈모에 유형에 따라 관리방법이 매우 다양하다. 탈모 진행형이나 원형 탈모 등은 부분 가발을 사용하거나 약물 요법 등을 사용하고 있는데 원형탈모의 경우 약물요법을 잘못사용하게 되면 더 많은 탈모가 진행될 수 있으므로 전문인의 진단이 필요하다. 전반적으로 탈모는 예방이 중요하므로 두피관리와 모발에 맞는 제품 사용이 아주 중요하다. 특히 남성탈모는 두피관리와 이식수술, 비수술적 모발의 재건방법으로 남성가발로 대체하고 있는 추세이며 이 외에도 약물요법, 메조테라피(메조페시아) 등이 사용되고 있는 관리방법이라고 할 수 있다.

## 4. 탈모 시장 현황

두피업체와 병원 등의 자체조사에 따른 탈모발견 시기를 살펴보면 전체 대상자의 90%가 30대 이전으로 주로 20대에 많이 나타나고 연령층이 낮아졌음을 알 수 있으며 원인으로는 스트레스 증가와 환경적인 영향을 들었다. 직종별 탈모에 대한 불안감을 보면 전문직이 가장 높고 자영업, 일반 사무직, 가정주부 형태로 나타나며 탈모로 인하여 사회생활에 미치는 영향으로는 자신감이 없어지고 연애, 결혼을 위한 이성교재, 사교와 활동의 기회, 사업이나 승진의 기회, 인상악화, 기타 등으로 탈모증 환자가 늘어나고 있는 추세이다. 탈모 환자 증가에 따른 탈모관련시장 현황을 살펴보면 연간 410억 규모의 두피탈모 관련 제품이 판매되고 있으며 병원을 제외한 일반 업체들도 연간 270억 정도의 제품을 판매하고 있다고 한다. 연간 1조가 넘는 탈모 시장에 병원, 한의원, 관리업체, 제약사, 대기업들이 모여들고 있으며 이에 따른 체계적인 시스템을 갖춘 전문 병원의 필요성이 대두되고 있고 관리보다 치료의 개념으로 인식되고 있다. 이에 따라 탈모를 예방하고 관리하는 두피관리사 및 탈모와 관련된 현장 전문 인력양성과 체계적인 전문교육이 필요하다. 또한 탈모로 인한 가발시장의 발전으로 부분가모 또는 전체가모 등 가모의 헤어스타일을 연출할 수 있는 가모관리사 양성 및 가모를 이용한 심리 치료 방법의 개발 등이 시급하다고 할 수 있다.

### 탈모 자가 체크 포인트

1. 두피가 가렵다.
2. 스트레스로 머리가 아프다.
3. 머리 밑이 땡기고 아프다.
4. 머리에서 심하게 냄새가 난다.
5. 비듬 및 염증이 있다.
6. 모발이 가늘어 진다.
7. 모발의 숱이 작아진것 같다.
8. 탈모가 심하다.

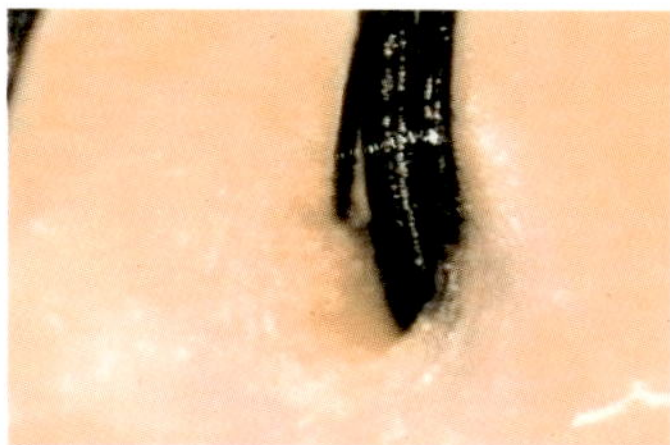

1. 정상 두피

2. 건성 두피

3. 지성 두피

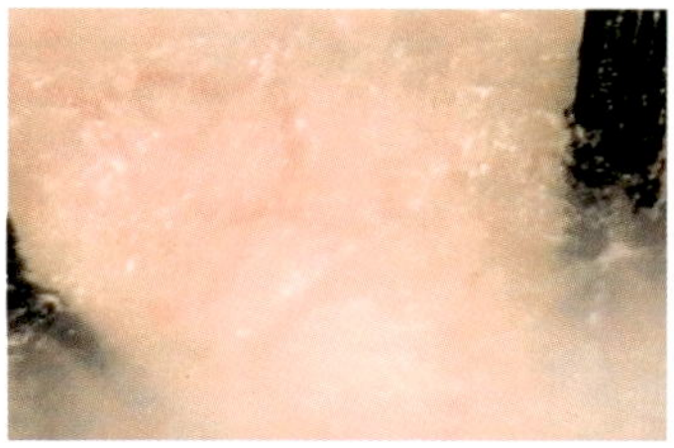

4. 예민성 두피

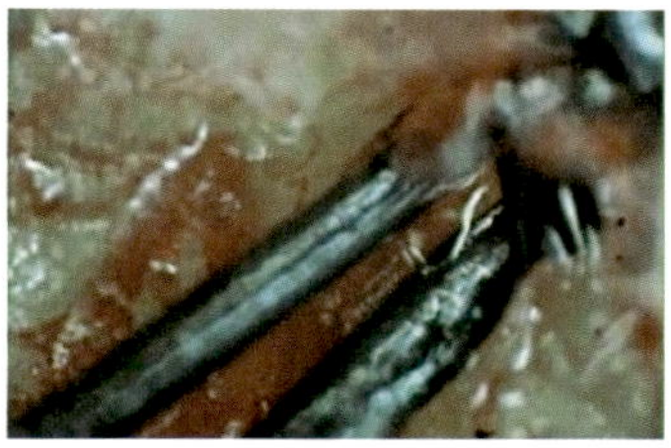

5. 혼합비듬성 두피

6. 비듬성 두피

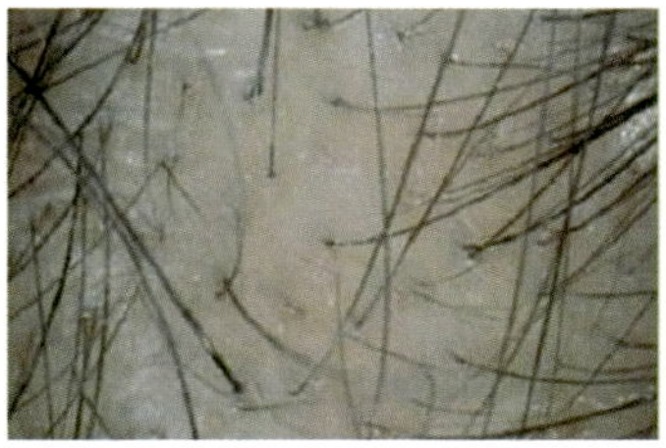

7. 탈모진행형 두피

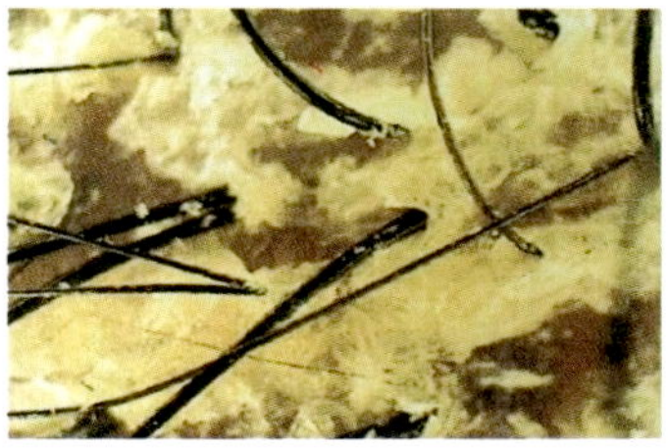

8. 질환성 두피

## 평가표

| 학습 내용 | 학습 목표 | 학생평가 | | | 교수평가 | | |
|---|---|---|---|---|---|---|---|
| | | 상 | 중 | 하 | 상 | 중 | 하 |
| 탈모 | • 탈모의 원인을 이해하고 파악할수 있다 | | | | | | |
| | • 탈모의 종류을 이해하고 파악할 수 있다 | | | | | | |
| | • 모발의 영양을 이해 할수 있다 | | | | | | |
| | • 탈모 시장의 현황을 이해을 할수 있다 | | | | | | |

## 서술형 시험

| 학습 내용 | 학습 목표 | 성취수준 | | |
|---|---|---|---|---|
| | | 상 | 중 | 하 |
| 탈모 | • 탈모의 원인을 이해할 수 있는 능력 | | | |
| | • 탈모의 종류을 이해할 수 있는 능력 | | | |
| | • 모발의 영양을 이해할 수 있는 능력 | | | |
| | • 탈모 시장의 현황을 이해할 수 있는 능력 | | | |

| 과제1. | 탈모의 원인에 대하여 파악해보자 |
|---|---|
| 과제2. | 탈모의 종류에 대하여 토론해 보자 |

날자

주제

| | |
|---|---|
| 설명 | |
| 토론 | |

제6장

6

# 가모 상담학

| 학습 내용 | 학습 목표 |
| --- | --- |
| 가모상담 및 작성방법 | • 고객카드와 작업지시서를 이해하고 파악할 수 있다 |
| | • 고객카드와 작업지시서 작성 방법을 할 수 있다 |

# 01 가모 상담 및 실제

## 1. 상담과 MOT

MOT(Moment of Truth)란 스페인의 투우 용어인 "Moment De La Verdad"를 영어로 옮긴 것으로 투우사가 소의 급소를 찌르는 순간을 말하는데 "Moment of Truth" 영문 약자로 번역하면 "결정적인 순간 또는 진실의 순간을 포착하라"라는 뜻이다. 소비자들이 아침에 일어나서 신문을 보는 순간부터 집을 나와 교통수단을 통해 식당에서 또는 친구를 만나 차를 마시는 곳 그 어느 곳에서나 제품의 이미지를 심어주는 것이 MOT 마케팅의 핵심 전략이다. MOT마케팅은 본래 70~80년대 스웨덴 항공사인 〈스칸디나비아 항공〉이 세계 최초로 고안해 성공을 거둔 이후 많은 다국적 기업들이 벤치마킹을 해 오고 있다.

MOT를 분류하면

첫째, 광고, 홍보 – 각종 매체광고나 인터넷 광고, 카달로그, 브로셔, 각종 행사 등

둘째, Telemarketing – 전화상담 후 내방 고객 상담 성공률 90%이상

셋째, 방문상담 – 대부분 이미 마음의 결정을 한 상태

넷째, A/S 상담 – 매출의 30~50% A/S 시 발생

다섯째, 사후관리 – 이탈 고객의 마음을 되돌리는 결정타 이다.

가모관리사는 탈모에 관한 의학적 지식을 숙지하고 고민하는 마음과 꾸준히 관리해주고 서비스하는 마음, 헤어스타일링의 디자인 연구의 중요성 및 가모의 필요성에 대한 인지가 필요하고 지속적으로 탈모와 가모에 대한 정보를 습득해야 한다. 또한 탈모와 가모에 관련된 연구로 신소재 개발과 새로운 부착방식연구, 접착제 및 테잎 등 부자재 개발 등의 기술에 주력해야 되며 고객에게 최선을 다하는 감동 서비스가 필요하다.

## 2. 신규고객접점(Walkthrough)

**카운터** → 고객맞이 → 용무확인 → 상담실 안내

**상담실** → 소개 및 인사 → 고개카드 작성 → 고객 니즈파악 → 탈모상태 진단 → 구입여부 확인 → 결재 안내 → 패턴실 안내

**패턴실** → 소개 및 인사 → 작업 → 카운터 안내 → 제품인도일자 확인 → 고객 배웅



## 3. 진실의 순간

MOT(진실의 순간)는 고객이 나를 느끼는 순간이다.

**MOT** → 매장환경을 둘러보는 순간 → 직원과 시선이 마주치는 순간 → 직원의 환한 미소를 보는 순간

→ 일어서서 반갑게 맞이하는 모습을 보는 순간 → 자리를 권유 받는 순간 → 고객의 말을 적극적으로 경청하는 모습을 본 순간

→ 서비스를 안내 받는 순간 → 서비스가 끝난순간 → 신속하게 업무 처리하는 직원의 태도를 본 순간

→ 다른 자리로 안내 받는 순간 → 직원간 대화하는 모습을 본 순간 → 다른 서비스를 안내 받는 순간

→ 정리정돈이 잘 되어 있는 직원의 책상을 본 순간 → 따뜻한 배웅을 받는 순간

# 02 가모 상담방법

## 1. 상담자로서 역할

인사 및 자기소개, 설문지 작성, 두피 및 탈모상태 파악, 가모의 장점 소개하기, 스타일상담 등 고객의 마음을 편안하게 상담 한다.

1) 상담 전에 상담설문지를 작성하여야 하며 전화번호, 이름, 업체 방문 이유 및 유입경로 등을 파악한다.
2) 연령별, 직업별 적합한 스타일을 선택하여 상담 한다.
3) 탈모사이즈와 두피상태를 파악하여 부착방식을 결정한다.
4) 현미경 등이 있을 경우 거울을 2개 이용해서 정수리를 보여 주면 효과적이며, 고객은 대부분 자신의 탈모부위를 정확하게 본적이 없다.
5) 이마라인을 자연스럽게 하기 위해서는 스킨 소재를 사용 한다.
6) 유명 연예인의 스타일을 스크랩하여 스타일 중에서 고를 수 있도록 유도한다.
7) 두 번째 제품에 대해서 추가 DC % 진행 한다.

## 2. 상담방법 및 자세

탈모증이 있는 사람은 우리가 상상을 초월할 정도로 심한 고민을 하고 있다. 자신감 결여에서 오는 대인관계 공포증, 내성적인 성격, 자기와 타인과의 비교에서 오는 우울증 등 여러 문제점을 안고 생활하기 때문에 상담할 때 억양을 높이거나 자기주장대로 이끌어 나가면 안 된다.

고객과 동등한 입장에서 이해를 시켜주는 식, 또는 종전부터 나와 잘 아는 관계에 있는 사람처럼 자세히 온화한 인상을 주도록 노력 한다.

그리고 설명하는 속도는 발음을 정확히 하여 알맞은 정도의 속도를 유지시키고 방문자들이 스스로 의지하고 싶은 마음과 신뢰성이 깊이 생길 수 있도록 해야 한다.

또한 상담자는 방문자(고객)의 신분과 직위에 관계없이 한사람 한사람 동등하게 대해야 하며 친절을 기본으로 항상 고객입장에 서서 생각하고 자신이 탈모증이 있는 상태라고 생각하면서 상담에 임하면 상대방의 입장을 이해할 수 있다.

① 대화의 진실성

② 가격

③ 스킨, 망의 종류

④ 직업

⑤ 두피열 체크

⑥ 두께. 취향

⑦ 모량등 세심한 베려가 필요하다.



## 3. 전화상담시 주의사항

상담에는 특히 전화 상담이 중요하고, 전화상담은 문의자의 머리 상태, 연령, 취향 정도, 생활환경 정도, 남아있는 머리의 상태 등 전혀 보지 못하는 상태에서 목소리만 가지고 상담하므로 전화상담시 가장 중요한 것은 부드러운 말씨와 친절이다. 그 다음 중요한 것은 상담자가 문의자의 탈모된 상태를 상상하고 문의자가 무엇을 바라는지 빨리 알아내어 즉각적인 대응상담이 가능해야 한다.

이러한 전화상담의 가장 큰 목적은 문의자의 궁금증을 전화로 이해시키고 신뢰감을 심어주어 방문하도록 하는데 그 목적이 있다.

## 4. 신규고객 상담 요령

### 1) 고객 응대법

편안한 관계의 대화로 낯설지 않는 분위기를 만들어 주어야 한다.

### 2) 상담카드 작성

상담전에 상담카드에 정확한 신상정보를 기재하고 개인 정보 유출금지를 약속한다.

### 3) 연령, 탈모시기, 유전적인요인, 후천적인 여부를 파악 한다

탈모부위의 사이즈와 두피상태를 파악하여 부착 방식을 결정하여 자연스러운 대화로 탈모라인을 정확히 짚어주고 앞으로 탈모부위가 넓어질수 있을 거라는 설명을 해 준다.

### 4) 고객 유도 및 주도적 상담

상담자의 설명을 충분히 숙지 한 다음 질문을 유도하여 궁금증에 대한 것을 빨리 파악하여 가발에 대한 인식과 장. 단점을 인식할 수 있도록 도움을 주어야 한다.

### 5) 연령별 스타일

상담고객이 가모샘플을 여러 가지 다양하게 착용 후 제시한다.

젊은 층은 연예인 스타일을 설명하거나 스크랩 샘플로 도움을 준다.

20~30대 댄디스타일 유도, 40~50대 앞머리를 넘기는 스타일이나 2:8 가르마 또는 3:7 가르마를 유도한다.

### 6) 탈모 부위와 두피상태에 따른 부착방법 설명

고정식과 탈부착식, 멀티 공법식이 있다.

고정식은 365일 부착되어 있어 벗겨질 염려가 없어 스포츠나 샤워시에 탁월하다. 탈 부착식은 때와 장소에 따라 언제든지 병행이 가능하며 자유롭다.

참고

- 고정식 의료용 접착제를 도포 후 3~4주
  장점 : 격한 운동이나 샴푸시에 벗지 않아도 된다.
  단점 : 피부트러블 또는 냄새가 날수 있으며 수명이 짧다
- 탈부착 테입식
  장점 : 혼자서 탈부착 가능, 수명 길다
  단점 : 덥거나 땀이 많이 날 경우 떨어지기 쉽다
- 클립식
  장점 : 탈부착 가능, 관리비 저렴하다
  단점 : 클립부위가 만지면 느껴짐, 견인성 2차 탈모발생

### 7) 가발제품 2개 이상의 중요성 인식

반영구적인 소모품이므로 번갈아 쓸수 있도록 장. 단점에 대한 설명을 하고 추가 시 가격할인에 대한 추가 설명을 해 준다

### 8) 제품의 궁금증과 질문의 대처 방안

궁금증에 대한 질문을 하도록 한다. 자연스러움, 머릿결, 무게감 등을 타제품과 비교 분석하게 하고 장. 단점만 간단명료하게 확실히 고객에게 인식 시킨다. 전화 통화중에 가격 할인요구를 하였을 때 승낙한 후 재방문 유도로 계약하여야 한다. 고객이 선택한 제품이 우수하다고 생각이 들어 계약을 했을 때 가발은 덮고 가리는 것이 아니라 제2의 내 머리라 생각하고 품질을 높여야만 고객의 만족도가 높아 이탈이 안 되며 추후 지속적인 계약 사이클이 이루어지므로 수익성이 높다.

## 신규고객 상담 및 제품 설명

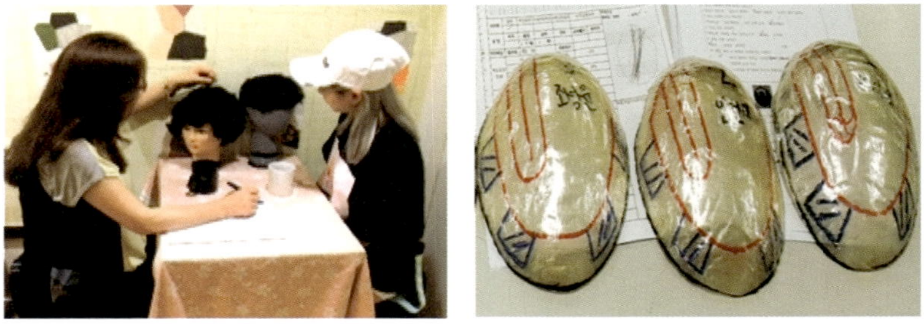

고객에게 자세한 설명을 한 후 가발 선택을 할 수 있도록 상담을 한다.

여성고객의 경우에는 여성가발 샘플을 제시한다

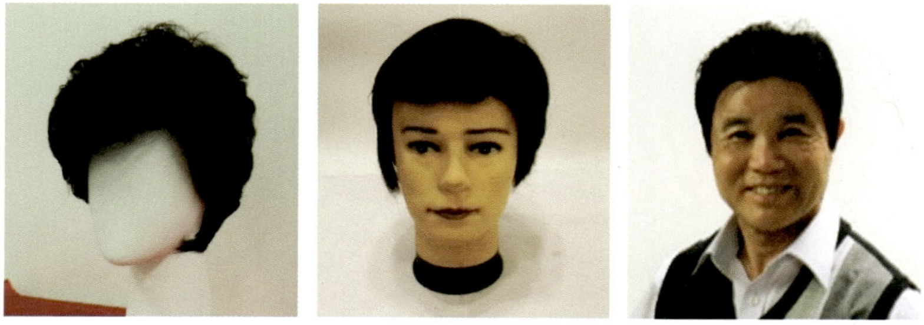

남성고객의 경우에는 남성가발 샘플을 제시한다.

## 5. 컴플레인 대처방법

1) 무조건 트집 잡는 고객
2) 앞머리 티 난다고 지적하는 고객
3) 타 업체 고객
4) 무조건 어울리지 않는다고 하는 고객
5) 컬러 탓을 하는 고객
6) 숱이 많다고 하는 고객
7) 탈모가 너무 된다고 하는 고객
8) 스킨에 대하여 문제 삼는 고객
9) 앞 머리가 잘 빠진다고 하는 고객
10) 수명이 짧다고 항의 하는 고객
11) 착용하기 너무 어렵다고 하는 고객

등으로 크레임을 발생 시킬 경우 충분한 상담으로 계속적인 내방을 유도하여 한번 고객은 평생 고객이 된다는 신념으로 해결책을 제시하여야 한다.

## 6. 상담 사례

### 1) 머리스타일이 바뀌었을 때는 어떻게 하나요?

저희 상품은 100% 인모이기 때문에 고객님 헤어스타일이 바뀌었을때 매장을 찾아주시면 고객님의 헤어스타일에 맞춰서 스타일링 해드립니다

### 2) 펌, 염색이 다 가능 한 가요?

네, 100% 인모이기 때문에 펌, 염색이 다 가능 합니다

### 3) 펌, 염색을 여러 번 하면 모발이 손상이 되나요?

저희 상품은 100%인모이기 때문에 펌, 염색을 자주하시게 되면 고객님의 모발이랑 똑같이 손상이 됩니다.

### 4) 손상된 경우에는 가발을 못 쓰는 건가요?

손상이 됐을 경우 1회 무료로 단백질을 코팅해드립니다.

### 5) 영구적으로 쓸 수 있나요?

관리를 어떻게 하느냐에 따라서 조금씩은 틀리지만, 망이 찌져지지 않는 한 오랫동안 착용 하 실수 있습니다. 관리만 잘 하신다면 최소 5년 이상은 쓰실 수 있습니다.

### 6) 가발 모발이 빠지지는 않나요?

상품은 모두 한올 한올 수제로 만들어 졌기 때문에 심한 빗질을 하시는 경우가 아니라면, 모발이 많이 빠지는 일은 거의 없다고 보시면 됩니다.

저희 상품을 고객님이 구입하신지 6개월 이내에 모발이 많이 빠지면 무료로 1회 숱 보강을 해드립니다.

### 7) 가발을 착용하면 모발이 숨을 못 쉬어서 빠진다고 하던데……모발이 빠지나요?

가발을 착용 한다고 해서 고객님 모발이 빠지는 건 아닙니다

고객님들이 모발이 빠진다고 생각하시는 이유는 가발을 착용하시고 벗을 때 똑딱이 핀에 모발에 끼워서 빠지는 경우가 많습니다. 가발착용 후 벗을 때는 잡아당기면서 벗지 마시고, 좌,우 뒤로 흔드시면서 천천히 벗는것이 좋습니다.

### 8) 가발을 착용하고 운동이나 샤워를 할 수 있나요?

땀을 많이 나는 운동은 가발 착용을 하지 않고 하시는 게 좋습니다.

샤워는 고객님 두피에 밀착된 망이 아니면 가발을 벗으신 다음에 샤워를 하셔야 합니다.

### 9) 바람이 불면 벗겨지지 않나요?

가발을 심하게 잡아당기지 않는 이상은 바람이 분다고 해서 벗겨지지는 않습니다.

### 10) 가발이 헐거운 것 같은데 움직이지는 않을까요?

가발착용을 하실 때는 두피에 너무 꽉 쪼여서 하시는 거보다 약간 느슨하게 착용 하시는 것이 좋습니다. 그렇다고 해서 가발이 벗겨지거나 심하게 움직이지는 않습니다.

혹시 불안하시면 실핀으로 고정시키는 것도 좋습니다.

### 11) 무거운 거 같은데요?

가발을 처음 착용 하시는 분들은 가발 착용이 처음이기 때문에 어색하셔서 무겁다고 느끼실 수 있습니다. 가발의 실제 무게는 모자보다도 훨씬가볍습니다. 가발을 착용하시고 1시간 정도만 지나게 되면 착용감이 거의 느껴지지 않을 만큼 가볍습니다.

### 12) 너무 어색 하게 느껴지네요.

고객님이 어색하시는 건 당연합니다.

고객님이 지금까지 10년이 넘게 가지고 계신 스타일이기 때문에 갑자기 숱이 많아지거나 볼륨이 확 살아버리면 너무 변화된 모습에 어색 하신 것은 당연 하십니다

1주일만 가발을 착용하시면 어색함은 사라지고 오히려 가발 착용을 안하시면 그 모습이 더 어색해 보여서 불안해질 것입니다.

### 13) 샴푸는 언제 하나요?

샴푸는 2~3주에 한번 하시면 좋습니다.

여름에 매일 쓰시는 경우에는 1~2주에 한 번씩 하시고 웨이브나 볼륨이 살지

않고 꺼지는 느낌이 드실 경우 하시면 됩니다.

### 14) 매일매일 세척하지 않으면 냄새 나지 않을까요?

가발은 고객님 머리 위에 모자처럼 쓰는 것으로 모발의 뿌리가 없기 때문에 땀이나 피지가 직접적으로 묻지 않습니다. 또한 저녁에는 가발을 벗고 보관함에 두고 보관하시기 때문에 통풍 되면서 냄새가 없어집니다. 모발에 묻은 먼지는 가볍게 털어주시면 됩니다.

### 15) 샴푸 해 주는 것도 돈을 받나요?

6개월 내 1회는 서비스로 해 드립니다. 그 이후부터는 부분가발은 1만원, 전체 가발은 3만원입니다.

(각 매장에 따라 차이는 있다.)

샴푸관리는 매일 하는 것이 아니라 1~ 2개월에 한번 하시면 됩니다.

### 16) 샴푸 후 드라이로 말려야 하나요?

가능 하지만 자연방치로 말리는 것이 가장 좋습니다. 100%인모로 되어있기 때문에 드라이기로 말리게 되면 모발이 거친 느낌이 듭니다. 특별한 경우가 아니면 자연 방치 하는 것이

가장 좋습니다.

### 17) 볼륨을 살리고 싶을 때는 어떻게 하나요?

저녁에 주무시기 전에 물 스프레이를 가발에 살짝 뿌리신 다음 찍찍이로 볼륨 살리고 싶은 부분에다가 말아주시거나, 뿌리부분에 말아주시면 됩니다.

### 18) 볼륨을 살리면 그대로 살아있나요?

저희 상품은 100%인모이기 때문에 인조와는 달리 습기가 많은 날에는 볼륨이 죽을 수 있어서 그런 날에는 찍찍이로 볼륨을 충분히 살려 주는 것이 좋습니다.

### 19) 가발도 파마가 풀리나요?

네 100% 인모이기 때문에 파마가 풀립니다 하지만 매일 샴푸 하는게 아니기 때문에 6개월이나 1년에 한번 파마를 하시면 됩니다.

### 20) 파마나 염색은 오래있어야 하나요?

그날 바로 찾아가셔야 될 경우는 2시간 정도 있다가 찾으러 오시면 됩니다. 퍼머나 염색할 경우 각 각 15분에서 25분정도 소요 되므로 여유시간을 넉넉히 잡는 것이 좋습니다.

특히 펌의 경우는 웨이브 상태 그대로 쓰시면 괜찮지만 굵은 웨이브 스타일로 하시게 되면 하루정도 후에 스타일을 잡는 것이 좋습니다.

### 21) 왜 이렇게 비싸나요?

저희 상품은 100%인모만 사용하고 인모도 등급이 천차만별입니다.

인모가발이라고 해서 모두 똑 같은 인모가발이 아닙니다.

인모함유량을 체크해 보셔야 하는데 인모가 1%만 들어가 있어도 인모 가발로 판매되기 때문에 가발을 구매하실 때 꼭 인모함유량을 체크 해보시기 바랍니다.

### 22) 가르마를 바꾸고 싶으면 어떻게 하나요?

저희 매장으로 가져오시거나 아니면 물 분무기를 뿌리셔서 직접 원하시는 스타일로 손질해 주시면 됩니다.

### 23) 빗질 되나요?

빗질 보다는 손으로 만져 주시는 것이 부스스 하지 않고 윤기가 유지 됩니다.

### 24) 고객님이 드라이를 안 하시고 웨이브 있는 상태에서 쓰시는 경우

(1) 가발을 착용 하신다

(2) 물 분무기로 전체적으로 가발에 살짝 뿌리신 다음 손으로 고객님 모발이랑 섞이게 만져준다.

### 25) 고객님이 드라이 컬 을 원하시는 경우

(1) 저녁에 주무시기 전에 가발에 물 분무를 하신 다음 찍찍이를 말아준다
(2) 아침에 찍찍이를 빼신 다음 가발을 착용 한다
(3) 볼륨이 강한 부분은 손에 물을 조금 묻히신 다음에 손으로 빗질 하듯이 만져 준다.

### 26) 미용실에 가발 절대 쓰지 말라고 하던데요.

가발을 착용하시게 되면 염색이나 펌을 자주하지 않아도 되므로 미용실 매출에 지장이 있게 되시겠지요 ? 두피가 건강하고 모발이 쉴 수 있어야 계속 펌이나 원하는 컬러의 염색을 하실 수 있는 것입니다.

### 27) 내가 가발까지 쓸 때는 아닌것 같은데 어떻게 해야 하나요.

가발은 기능적인 면도 물론 있지만 풍성한 볼륨을 주기 위한 소품입니다.

두정부 부위에 볼륨을 주시면 키도 커 보이시고 얼굴도 갸름하고 작아 보이기도 하지만 가발을 쓴다는 느낌보다 패션이기 때문에 입는다는 표현도 적합 합니다.

# 03 상담방법 실제



## 1. 고객카드 작성방법

### 고 객 상 담 카 드 I

| 수험번호 | | 상담원 | | 상담일자 | |
|---|---|---|---|---|---|
| 고객명 | | 생년월일 | | 휴대전화 | |
| 주 소 | 자택: ☎ | | | | |
| | 직장: ☎ | | | | |
| 직장명 | 부서: | | 직위: | | |
| 방문동기 | 광고(매체명: ) | | 소개(소개인: ) | | |

*기록된 소중한 정보는 고객님께 보다 나은 만족을 드리기 위한 자료로만 활용됩니다.

**1** 머리카락 굵기는?
① 굵고 강함 ② 굵고 약함 ③ 부드럽고 강함 ④ 부드럽고 약함

**2** 머릿결의 곱슬 정도는?
① 직모 ② 반곱슬 ③ 곱슬 ④ 심한 곱슬

**3** 비듬의 상태는?
① 없다 ② 조금 있다 ③ 많다 ④ 최근에 많아졌다 ⑤ 최근에 적어졌다

**4** 두피톤은?
① 일반 ② 하얀 피부 ③ 보통 하얀 피부 ④ 보통 검정 피부 ⑤ 아주 검정피부

**5** 두피의 지방성분은?
① 많다(지성) ② 조금있다(중성) ③ 거의 없다(건성)

**6** 일상 상황에서 땀을 흘리는 정도는?
① 흘리지 않는다 ② 조금 흘린다 ③ 많이 흘린다 ④ 아주 많이 흘린다

**7** 탈모 유전은 어느 쪽인가?
① 부계유전 ② 모계유전 ③ 부 · 모계 유전 ④ 관계없음

**8** 탈모 치료 경험은?
① 발모제 ② 약물치료 ③ 발모기구 ④ 기타( )

**9** 가모 사용 경험은?
① 없다 ② 있다(회사명: 공법: )

**10** 제품 제작 시 특별히 고려하시는 사항은?
( ) 본인 앞머리 살리는 스타일
( ) 뒷부분 모양 추가
( ) 요청을 엄수하여 주시기 바랍니다

상담원 메모

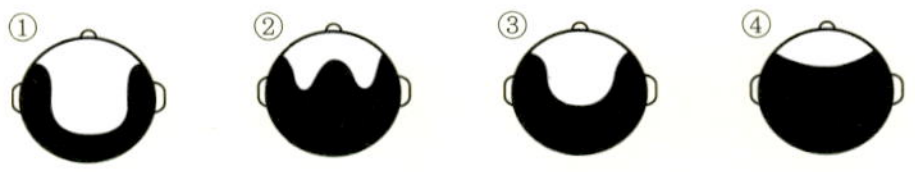


| 시술시 고려사항 | 원하는 색상 | (모질) | 모량 |
|---|---|---|---|
| | | 인모, 인도모, 인조모 | 많다 보통 적다 |
| | | | |

| 상담 결과 | 상품번호 | | | 시술예정일 | | |
|---|---|---|---|---|---|---|
| | 상품가격 | | 계약금 | | 잔금 | |
| | 기타 | | | | | |

# 고 객 상 담 카 드 Ⅱ

| | 무좌측 | 무우측 | 맘보석 | 좌 측 | 우 측 | 가운데 | 앞좌측 | 앞우측 | 올 백 |
|---|---|---|---|---|---|---|---|---|---|
| 스타일 | 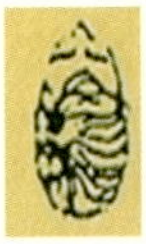 □ |  □ |  □ |  □ |  □ |  □ |  □ |  □ |  □ |

| 시스템 | | 베이스 | | 모발 | | 모향 | % | 웨이브 | 미리 | 완성모양 | 인치 |
|---|---|---|---|---|---|---|---|---|---|---|---|

애교앞<br>내면

반내면<br>전체내면<br>내면안 짬

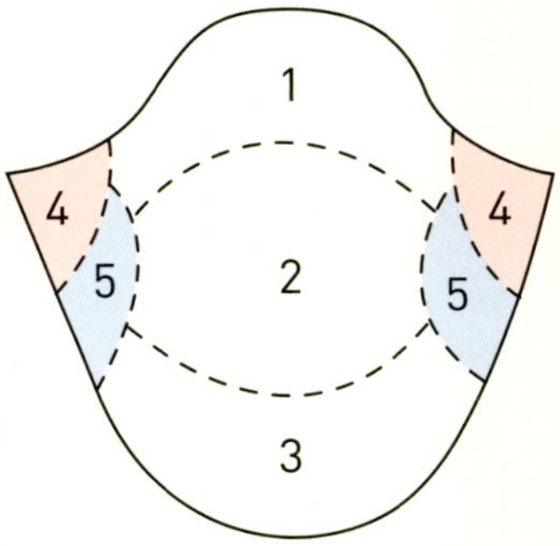


백모 비율

완성 예약일 2012년 월 일 성명

완성 예약일 년 월 일

특별 지시

## 2. 작업지시서 작성방법

작 업 지 시 서

CUSTOM ORDER FORM

| ORDER NO<br>주문 NO : | O/DATE<br>접수날자 : 년 월 일 | 사진 |
|---|---|---|
| CUSTOMER'S NAME<br>고객명 : | S/DATE<br>선적날자 : 년 월 일 | |
| MODEL<br>품명 : | QUANTITY<br>수량 : PC. | |

HAIR DIRECTION & PART POSITION
모방향 및 가르마 위치

무좌측 무우측 맘보석 좌 측 우 측 가운데 앞좌측 앞우측 올 백

| | | | | | | | | |
|---|---|---|---|---|---|---|---|---|
| FIBER 원사 | | 중국모 | 인도모 | 일본모 | 유럽모 | 고열사 | 기타 | 머리색상(COLER) |
| | | | | | | | | COLER RING-컬러링/FOLLOW SAMPLE-견본머리 |
| HAIR COLER 머리색상 | | FRONT 앞 | TOP 중앙 | TEMPLE 귀 | SIDE 옆 | BACK 뒤 | | |
| | | | | | | | | 자재구성/캡색상/검정, 살색-선택사항 |
| GRAY 백모 | | % | % | % | % | % | % | 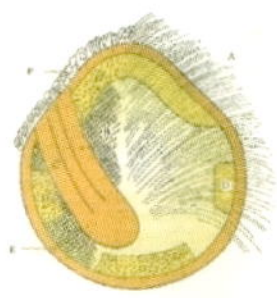 |
| CURL | B5mm | | | | | | | |
| | Dmm | | | | | | | |
| | Emm | | | | | | | |
| | Fmm | | | | | | | |
| | Gmm | | | | | | | |
| | Smm | | | | | | | |
| HAIR LENGTH 모장 | | cm | | | | | | 특별 작업지시서 앞, 위, 옆, 탑 % 따라 모량측정 된다 |
| HAIR DENSITY 모량 | | % | | | | | | |
| HAIR AHFID 가르마 모량 | | % | | | | | | |
| UNDER LOOPING 내면 | | L M H | | BABYHAIR 애교머리 | | L M H | | |

## 3. 고객카드 및 작업지시서 작성시 주의사항

1. 고객의 이름과 연락처을 반드시 기재한다
2. 접수일과 선적일, 도착일, 착용일을 기재한다. 접수일은 대체적으로 3~4주정도 소요되며 선적일은 3일전이여야 한다. 이에 고객과의 날자를 참고해서 잡는다.
3. 가발을 처음 사용하는 고객의 경우 수량은 2개 정도를 기준으로 추천해준다
4. 인모와 고열사의 경우 8:2를 기준으로 하고 인모는 중국모 인도모 등이다. 보통 중국모를 많이 사용하고 컬을 원할때는 인도모가 더 효율적이다.
5. 백모가 있을때는 본 모발의 백모량을 확인한 후 기재한다
6. 망의 재질과 특성을 파악한 후 망과 스킨을 선택하여 기재한다.
7. 모장은 모발의 길이로 10~12cm가 일반적이니 참고한다
8. 모량은 일반적으로 60~65% 이다. 초보자는 민감하므로 65%가 넘지 않도록 하고 자연스럽게 하도록 한다.
9. 인모는 염색, 퍼머, 드라이가 가능하므로 컬과 컬러가 필요시는 인모의 모질로 선택하여야 하며 본 모발을 확인한다
10. 컬러는 회사별로 다양하니 반드시 본 모발을 확인한다.
11. 가발디자인은 가장 중요하므로 반드시 얼굴형을 파악한 후 헤어라인을 참고하여 두상스케치를 그려야 한다.

## 평가표

| 학습 내용 | 학습 목표 | 학생평가 | | | 교수평가 | | |
|---|---|---|---|---|---|---|---|
| | | 상 | 중 | 하 | 상 | 중 | 하 |
| 가발헤어스타일 디자인과 상담 | • 고객카드를 이해하고 파악할 수 있다 | | | | | | |
| | • 작업지시서를 이해하고 파악할 수 있다 | | | | | | |
| 고객카드 작성방법 | • 고객카드작성 방법을 할 수 있다 | | | | | | |
| | • 작업지시서 작성 방법을 할 수 있다 | | | | | | |

## 서술형 시험

| 학습 내용 | 학습 목표 | 성취수준 | | |
|---|---|---|---|---|
| | | 상 | 중 | 하 |
| 가발헤어스타일 디자인과 상담 | • 고객카드작성을 이해할 수 있는 능력 | | | |
| | • 작업지시서 작성을 이해할 수 있는 능력 | | | |
| 고객카드 작성방법 | • 고객카드 작성방법을 할 수 있는 능력 | | | |
| | • 작업지시서 작성방법을 할 수 있는 능력 | | | |

**과제1.** 상담자로서 역할과 자세에 대하여 정리해 보자
**과제2.** 신규고객 상담방법에 대하여 토론해 보자
**과제3.** 고객카드를 작성해 보자
**과제4.** 작업지시서를 작성해 보자

날자

주제

| 고객카드<br>작성방법<br>및 설명 | |
|---|---|
| 작업지시서<br>작성방법<br>및 설명 | |

# 제7장 7

# 가모 소재학

| 학습 내용 | 학습 목표 |
|---|---|
| 가모소재의 특징 및 종류 | • 가모 원사의 특징과 관리방법을 이해하고 파악할 수 있다 |
| | • 망의 종류를 이해하고 파악할 수 있다 |
| | • 가모의 종류를 이해하고 파악할 수 있다 |
| | • 좋은 가모 조건을 이해하고 파악할 수 있다 |

# 01 가모 소재의 특징 및 재료

## 1. 가모 재료 및 도구

가모패턴 도구 : 패턴용 비닐, 줄자, 일반가위, 3색 수성펜, 투명테이프 (16~18mm), 구슬핀, 남성탈모마네킨(공통)

가모관리 도구 : 거치대, 가모브러쉬, 수건, 볼, 드라이, 나노스킨, 레드테이프,

증모 도구 : 스킬바늘대, 증모, 핀셋 (소), 사각판

네팅 도구 : 망. 심는모발, 네팅바늘대, 네팅바늘, 구슬핀, 클립, 실, 바늘

스타일링 도구 : 드라이&아이론, 롤브러쉬, 꼬리빗, 패션가발&인모가발, 핀셋 (대)

커트 도구 : 가위, 틴닝가위, 레쟈, 커트빗

퍼머 도구 : 롯드(대중소), 꼬리빗, 파지, 고무줄, 분무기등

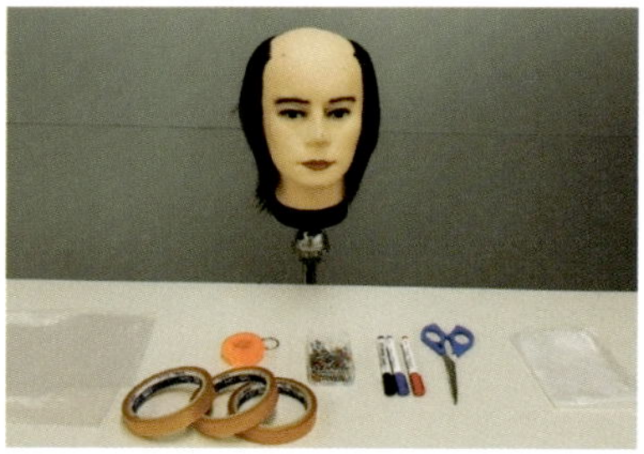

패턴도구

가모관리도구

증모도구

네팅도구

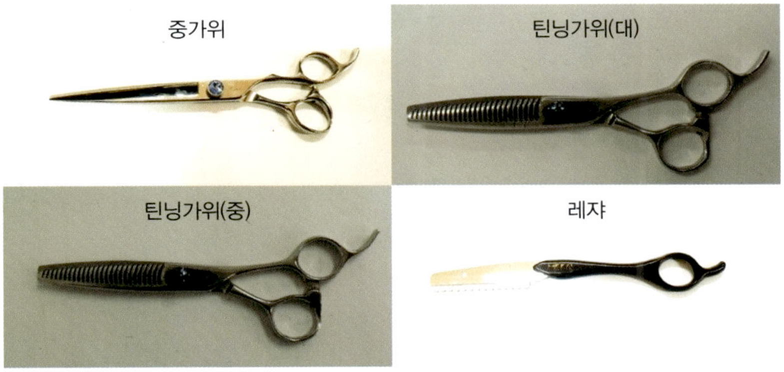

커트도구

퍼머도구

망

스타일링도구

블로우 드라이

롤브러쉬

## 2. 가모의 원사 특징 및 종류

### 1) 일반원사

PVC 재질로 되어있는 일종의 나일론 원사로써 윤기가 많고 탄력성이 강하며 윤기가 나는 것이 특징이며, 패션가발에 많이 사용되고 있다.

- 장점 : 가늘고 가벼우며 볼륨감이 있다.
- 단점 : 열에 약 하며 가급적 샴푸는 피하는 것이 좋다.

### 2) 고열사

순수 한국산 원사로 사용되며 170℃~210℃의 열에 강하며 드라이어, 매직 아이론 사용이 가능하다. 샴푸 시에는 미지근한 물에 샴푸를 먼저 풀어 거품을 낸 후 가볍게 조물조물한 다음 린스나 트리트먼트제로 헹구어 자연건조나 찬바람으로 말린다. 단, 업체에 따라 온도차이가 있으니 주의한다. (일반적으로 80~120℃ 적당)

- 장점 : 온도에 저항력이 있어 손질이 용이하다, 스트레이트 스타일용으로 적합하다.
- 단점 : 무거운 느낌이 든다.

### 3) 인모

인모의 원산지는 중국 毛와 인도 毛, 인도네시아 毛, 이탈리안 毛 등이 있으며 그 나라의 기후 및 환경에 따라 모질의 특성이 다르다. 중국모는 추운지방으로 두께가 두꺼워 한국인 毛와 흡사 하며 헤어스타일이 자연스럽거나 샴푸 시 엉킴이 심하다. 인도 毛는 더운 지방이라서 가늘고 날리는 성질이 있어 약간의 제한을 받으며 열에 강해 퍼머나 염색이 가능하고 긴 머리의 인모가 잘 없다. 인도네시아 毛는 유럽인 모발과 흡사하며 머릿결의 변형이 적으나 자연 탈색이 되는 단점이 있고, 이탈리안 毛는 색상별로 다양성의 특성을 가지고 있으며 스타일 연출이 자유롭고 퍼머나 염색이 가능하다.

### 4) 인모+고열사

인모와 고열사를 적절히 섞어 제작 하였을 때 인모가 많이 들어간 경우 재료의 수급이나 가공의 인건비로 인해 국내 생산이 어렵다. 그러나 혼용 모는 펌이나 염색이 가능한 장점이 있으며 단점으로는 가격이 비싸다.

### 5) 오가닉원사

고열사로서 인모와 같이 섭씨 200℃까지 견딜 수 있는 합성 모로 스타일링을 쉽게 할수 있으며 컬 유지 또한 오래 간다.

- 장점 : 인모와 같은 촉감을 유지 한다.
- 단점 : 사용 기간이 짧다. (약 5~12개월)

인모와 인조모의 차이점

| | |
|---|---|
| **인모** | • 감촉이 부드럽고 열에 강함<br>• 자연 모에 가까운 자연스러운 광택을 지님<br>• 오래 사용하면 컬러가 발색 되거나 웨이브가 풀리는 경우가 있으나 사후관리가 쉬워 재사용이 용이<br>• 인모에 특수코팅 처리를 하여 자연스럽게 사용 가능 |
| **인조모** | • 열에 약하여, 고온에서의 사용과 드라이어 불 가능<br>• 인모에 비해 컬러가 다양하며 변색하지 않음<br>• 염색이 어려워 컬러체인지나 웨이브 등의 스타일 조정이 용이하지 못함 |
| **내열 인조모** | • 열에 약하여, 고온에서의 사용과 드라이어 불 가능<br>• 인모에 비해 컬러가 다양하며 변색하지 않음<br>• 염색이 어려워 컬러체인지나 웨이브 등의 스타일 조정이 용이하지 못함 |

## 3. 가모 관리 방법

### 1) 일반원사의 관리법

가모의 머릿결이 상 하였을 때는 린스나 트리트먼트를 미지근한 물에 희석하여 5분정도 담겨 두었다가 건진 다음 뒤집어서 수건으로 꾹꾹 눌러 물기를 제거한 후 자연건조 하며 보관 시에는 빗이나 핸드 손질로 정리 한 다음 망에 씌워 거치대에 걸어 둔다.

### 2) 고열사 관리법

사용 횟수가 많을수록 손상이 되므로 트리트먼트나 유연제 처리 후 자연건조 한 다음 망에 씌워 거치대에 걸어 둔다.

# 02 망과 스킨의 특성

## 1. 망의 종류

### 1) fine mono filament(부드러운 모노망)

남성용, 여성용 맞춤 가모에 사용되는 베이스로 내구성과 통풍성이 좋은 부드러운 나이론 망으로 제작 한다.

### 2) swiss net 스위스망(sw-1500)슈퍼 월드 모노망

일반 모노 망에 초음파 처리를 하여 내구성을 높여 잘 찢어지지 않으며 전체 망 또는 앞이마 부분의 자연스러운 헤어라인을 위해서 사용한다.

### 3) micro polyurethan skin

얇은 마이크로 폴리우레탄을 사용하며 접착을 위해서 베이스 테두리부분에 사용되어 접착 및 망을 고정시키는 역할을 하고 접착이 용이하고 제품의 내구성이 뛰어나다.

### 4) swiss net 독일망

일반 모노 망과 비슷한 모양을 갖고 있으나 국산 망에 비해서 내구성이 뛰어나고 가볍다는 특징이 있다. 제품의 내구성 때문에 전체 레이스 망으로 사용되며 일반적으로 많이 사용된다.

### 5) flesh net 그물망

일반 망에 비해서 구멍이 커서 통풍이 잘 되 완전한 탈모가 아닌 조금 남아 있는 모발을 그물망 사이로 뽑아내어 기존머리와 함께 자연스러운 모발 상태의 부착머리용으로 사용된다.

### 망의 종류

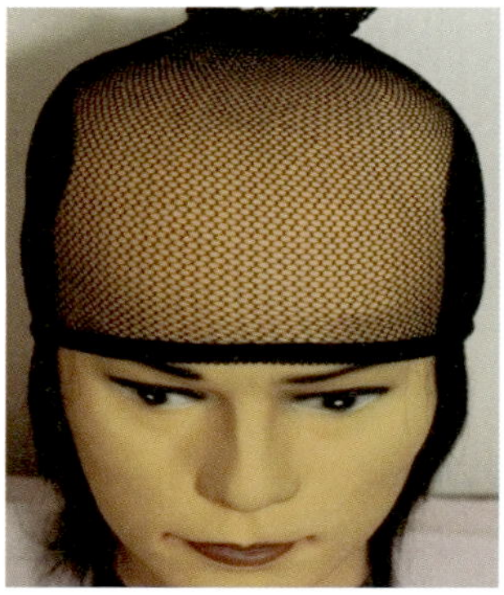

전체망

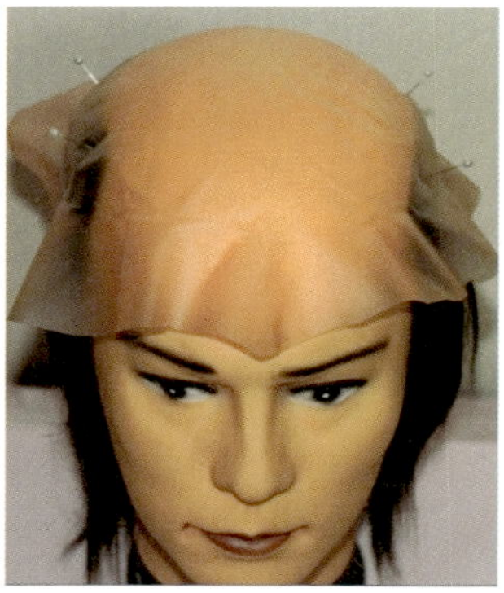

스킨 모양

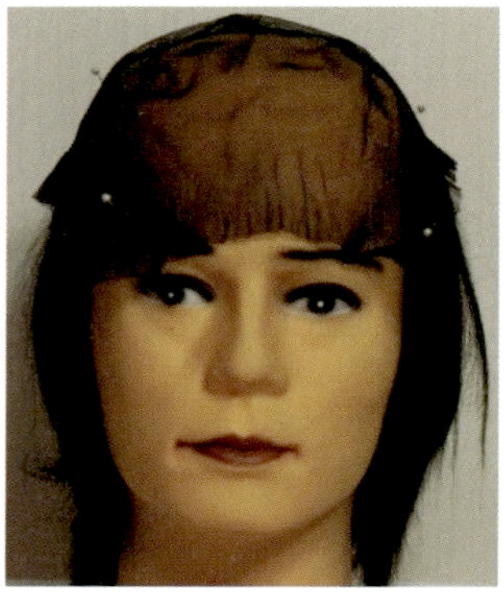

망 모양

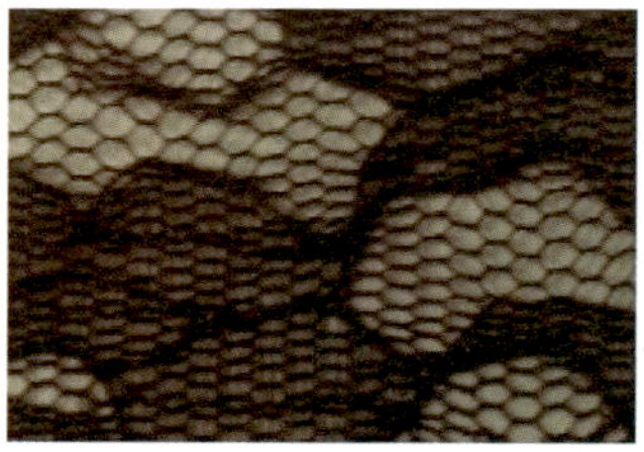

NN-01 꽃망

PB4

NN-07 육각망 MONO

SAPN망(大)

SAPN망(小)

NN-12 HDS망

NN-03 40D

NN-08 용천망

NN-9신후망

NN-06 30D

NN-10 FLNE MONO

NN-11 샤망

NN-13HOS(F-11.M)

NN-14 NB4

NN-15 벌집망

꽃망 + SAPN망(小)

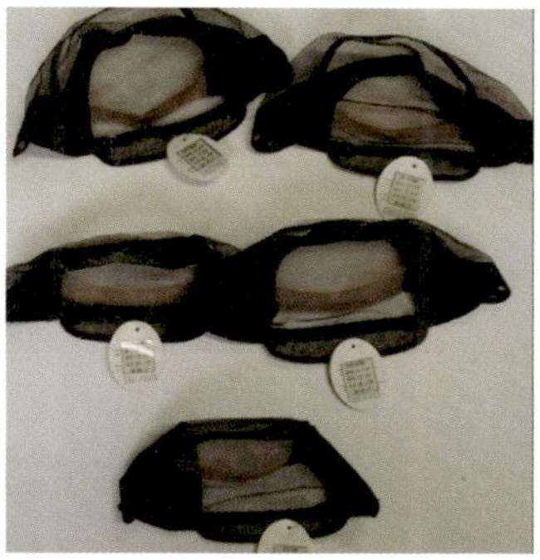
망종류 NO

육각망 + HDS망

테이프식 전체망1

테이프식 전체망2

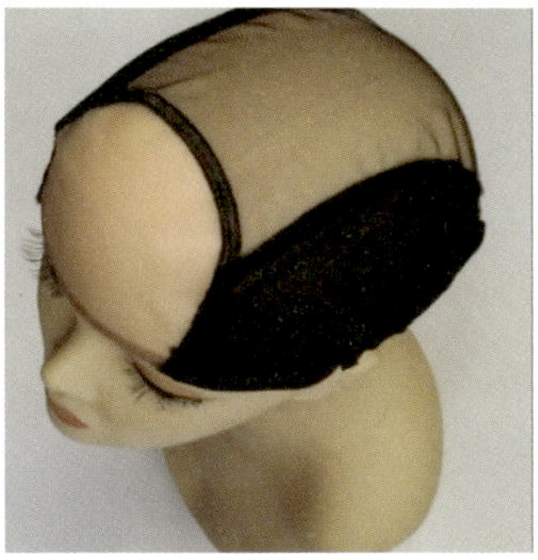
테이프식 전체망3

## 2) 스킨(skin)의 종류

가모의 기초 작업을 하기 위한 재료이며 두피에 부착시 트러블이 없는 소재로 만들어져야 한다. 스킨은 두피를 대신하여 모발을 심을 수 있는 기본 틀로써 피부톤과 비슷하고 가르마부위, 가발의 띠, 탈모용 가모 등에 주로 사용되며 스킨의 디자인에 따라 가격이 다양하다.

NKT-08

NKT-01

NKT-10

NKT-07

NKT-03

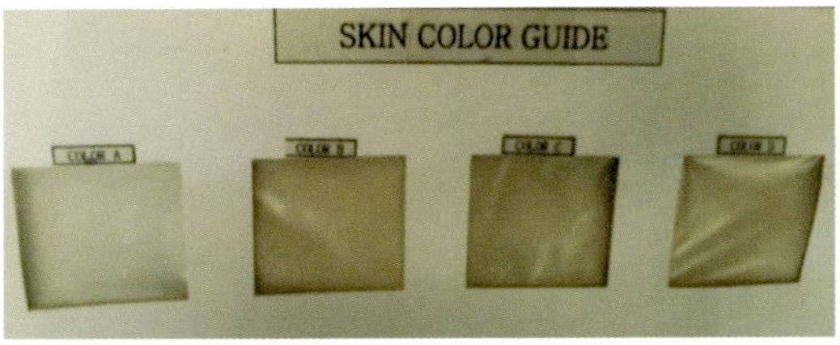

NN-03 40D

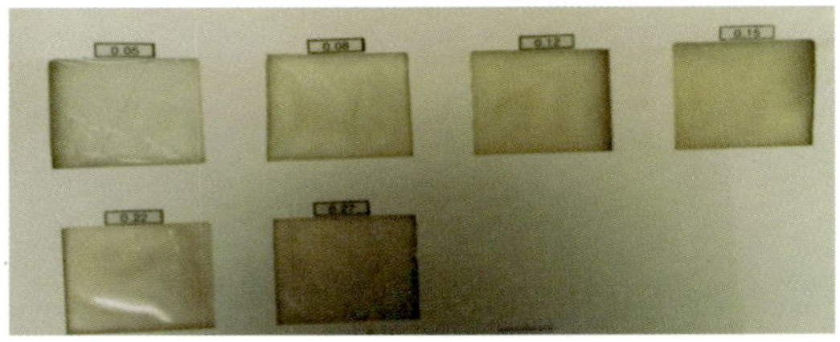

## 3) 헤어클립 종류 및 장단점

클립형 가모는 가모에 클립을 4-5개를 부착하여 건강한 모발에 클립이 상.하로 맞물려 고정하도록 만든 제품으로 가장 많이 이용하고 있으며 Claim이 가장 적은 제품이다. 또 활동성이 강한 젊은 층 보다는 중·장년층에게 적합한 제품이며 때와 장소에 따라 탈부착이 용이하다. 따라서 손쉬운 관리법과 가모의 수명을 중요시하는 기성세대의 욕구에 적합한 제품이기 때문에 판매 시 적극적인 판매유도를 하는 것이 중요하다.

M자형 가모는 고정 부착방식 중에서도 고객의 모발을 자르지 않고 100%살려서 쓸 수 있다는 큰 장점이 있기 때문에 고정부착을 원하지만 부착부분에 모발을 잘라야 하는 부담 때문에 꺼려왔던 고객들에게는 가장 적합한 제품이란 면을 부각시켜야 한다. 또한 탈착식과 겸용이 가능하기 때문에 한 가지 제품으로 두

가지 제품을 사용할 수 있다는 점은 영업을 하는데 있어서는 또 다른 장점이기 때문에 판매의 포커스를 탈부착과 고정부착을 동시에 할 수 있는 가모라는 점에 초점을 맞춰야 할 것이다.

(1) 착탈식 클립(clip)형 : 탈모된 주변의 머리카락이 튼튼해야 하고 장년층과 땀이 많은 사람에게 적합하다.

- 장점 : 본인이 원할 때 언제든지 탈착이 가능 하다.
- 단점 : 벗겨질 우려가 있으며 장시간 사용 시 클립부분의 자모가 손상될 수 있고 금속 알레르기 있는 사람은 주의해야 한다.

(2) 착탈식 테이프(tape)형 : 탈모된 주변머리가 적거나 금속 알레르기가 있는 사람에게 적합하다.

- 장점 : 본인이 원할 때 언제든지 탈착이 가능하다.
- 단점 : 가모가 벗겨질 우려가 있으며 땀이 많은 고객은 접착력이 약해 다소 불편하다.

(3) 고정식결속(weaving) : 탈모된 부위의 자모를 살려두고 가장자리 양측의 단단한 자모만을 이용해서 가모와 결속시키는 방법이다.

- 장점 : 잘 벗겨 지지 않으며 착용한 상태에서 심한 운동이나 수영, 목욕이 가능 하며 가모 착용 시 자모를 밀어내지 않고 부착시술이 가능 하고 20~30일 정도 오래 유지 할 수 있다.
- 단점 : 결속한 일부가 떨어지면 자가 수정이 되지 않으므로 부착시간이 길어질수록 갑갑함을 느낀다.

(4) 고정식 증모(addition) : 한 가닥의 자모에 인조 모발을 붙이거나 합성모발을 붙여 숱이 많아 보이게 한다.

- 장점 : 가모가 아닌 방법으로 가볍고 편안하다.
- 단점 : 한번 시술에 1000가닥정도 증모가 가능하기 때문에 많은 양은 힘들며 머리카락이 없는 부분은 시술이 불가능하며 시술시간이 오래 걸린다.

(5) 특수 접착식(a/cling) : 탈모부위의 자모를 밀어내고 가장자리와 주변에 특

수접착제나 특수 테이프를 이용하여 가모에 부착하는 방법이다.

- 장점 : 잘 벗겨 지지 않으며 가모를 착용한 상태에서 심한 운동이나 수영, 목욕이 가능 하며 부착하여 수면도 가능하다.
- 단점 : 결속한 일부가 떨어지면 자가 수정이 안되며 부착시간이 길어 갑갑함을 느낄 수 있고 알레르기 있는 사람은 주의를 해야 하며 땀이 많은 사람의 경우 지속력이 떨어진다.

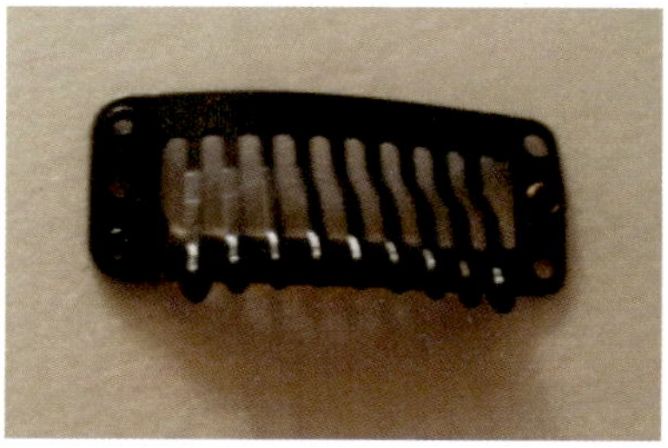
탈착식 클립 앞

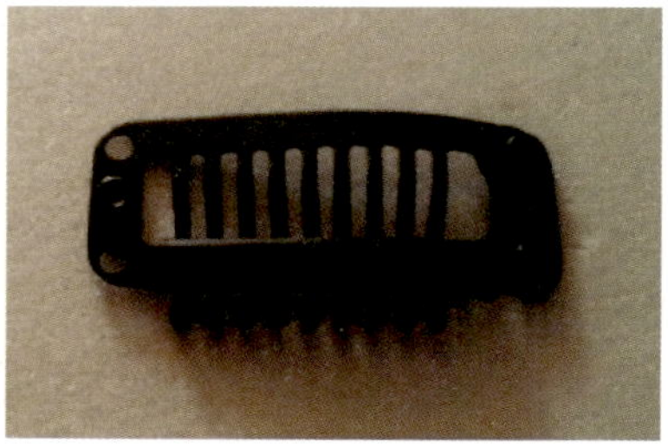
탈착식 클립 뒤

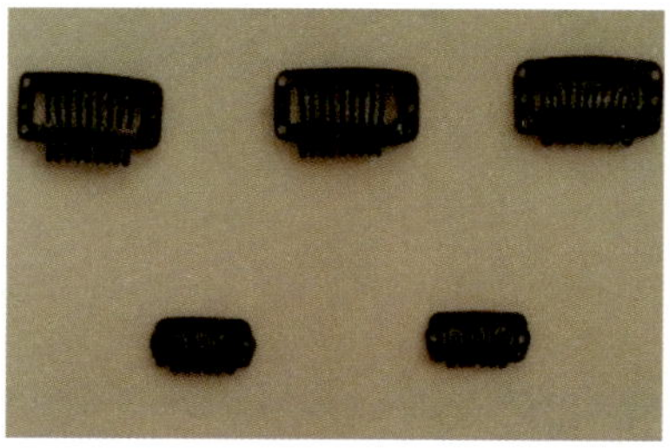
클립 (大.中.小)

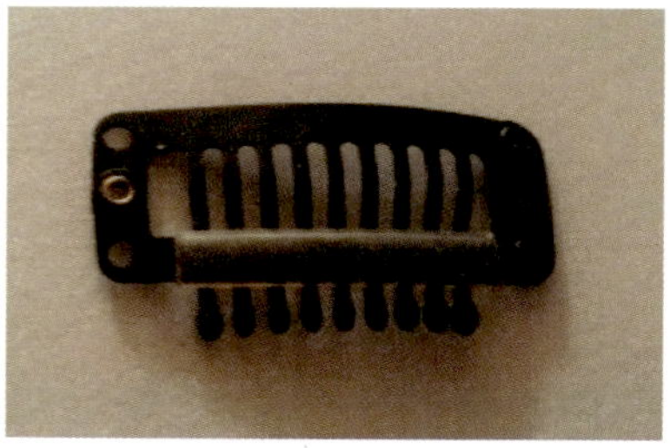
밀착클립

# 03 좋은 가모의 조건

헤어스타일의 다양한 변화를 시도 할 수 있는 것이 가모이며 헤어 액세서리로 더욱 완성도 높은 '쓴다.'라는 의미보다 '입는다.'는 패션의 의미를 갖는다. 따라서 가모는 사용자에 의한 착용감이나 편리함이 타인에게 보여지는 모습이 부자연스럽지 않아야하며 자신의 모발과 비슷하여 가모를 썼다는 티가 나지 않아야 한다.

1. 통풍이 잘되며 땀 흡수가 용이해야 한다.
2. 헤어드라이어를 사용하지 않아도 스타일이 자연스러워야 한다.
3. 비, 바람, 눈 등에 흘러내리거나 흐트러지지 않아야 한다.
4. 착용감이 가볍고 편안해야 한다.
5. 장시간 착용하여도 두피에 염증이나 트러블이 없어야 한다.
6. 여러 가지 운동이나 수영 등 레저 활동에 불편하거나 불안감이 없어야 한다.
7. 모발의 색상이 퇴색되지 않아야 한다.
8. 샴푸 시 말리거나 스타일링이 쉬워야 한다.
9. 이마 앞부분이 자연스러워야 한다.
10. 테이프 접착부분에 이물질이나 염증 발생이 일어나지 않아야 한다.

# 04 가모의 종류

## 1. 가모의 종류

### 1) 탈모용 가모

#### (1) 전두용 가모(Wig)

전두용 가모는 암 치료 환자, 전체적으로 숱이 적은 고객이나 다발성 탈모, 흰 머리로 인해서 착용하는 가모로 주로 여성 탈모 고객들이 많이 선호한다.

#### (2) 탈모용 부분가모(Toupee or top piece)

탈모용 부분가모는 남성과 여성탈모 고객 모두가 이용하며 현재 여성 탈모고객의 선호도가 증가하는 추세이다.

### 2) 탈모용 가모의 종류

#### (1) 부착형 가모

부착식 가모는 탈모 부위만큼 면도한 뒤 가모의 앞부분을 제외한 테두리 부분을 인체용 접착제를 이용해 두피에 부착하여 앞부분은 테이프를 이용해 부착하는 방식의 가모이다. 탈모 부분만 캡을 두피에 부착하므로 네트는 작아지며 가볍고 수영이나 심한 운동을 할 수 있으며 일상생활이 자유로우나 한달에 한번 정도 가발 전문가로부터 재 부착을 하여야 한다. 하지만 일반적인 남성은 한 달에 한 번 이발을 하므로 큰 문제는 없지만, 피부가 민감하거나 알레르기가 있는 남성은 착용하지 않는 것이 좋다.

#### (2) 위빙형(weaving) 부착형가모와 마이크로 포인트

위빙을 이용한 접착식 가모는 고객에 따라서 탈모부위를 면도 할 수도 있고 자신의 모발은 그대로 보존하면서 가모의 네트와 자신의 건강 모와 연결해 꿰매는 방법으로 한번 부착하면 한 달 정도 연속적으로 착용할 수 있다. 특히 여성탈모에 많이 사용되며 지루성 탈모 고객이 접착식 가모를 원하지 않을 때 사용하기도 한다.

### (3) 탈착식 가모

탈착식 가모는 특수 고정 핀을 이용해 부착하는 방식의 가모로 뒷머리와 옆머리를 자모위에 클립을 이용해 고정시키고 가모의 앞부분은 테이프를 이용해 부착한다. 가모가 필요할 때 착용하고 샤워할 때나 수면을 취할 때에는 벗고 지낼 수 있어 가모의 수명이 긴 장점이 있고 위생적이며 자모를 면도할 필요가 없으며 가격도 다른 형태의 가모보다 저렴하다. 대체로 탈모가 진행 중에 있는 상태에서 착용하는 가모이며 사용하기 쉽고 간편하여 혼자서도 착용 할 수 있다.

### (4) 탈 부착식 가모

부착식 가모와 탈착식 가모의 중간 형태로서 부착식 가모의 단점과 탈착식의 가모의 단점을 보완한 가모로 탈모부위를 면도한 뒤 두피에 부분적으로 부착식으로 고정시킨 뒤 가모는 필요에 따라  착용을 하고 수면을 취할 때나 샤워를 할 때는 벗을 수도 있어, 수영이나 심한 운동도 할 수 있으며 일상생활이 자유롭다. 가모의 수명도 부착식 가모 보다 길며 착용시간이 빠르다. 보통 가모의 수명은 부착식 가모일 경우 약 1~2년 정도이며 탈착식 가모는 약 2~3년 정도이며 탈착식 가모와 탈부착식 가모는 약 2~3년 정도이다.

### (5) 테이프용 부착 가모

탈모 후기에 많이 사용하는 가모이며 클립 사용이 불편한 고객이 많이 사용하고 접착테이프를 붙이기도 한다.  탈모 부위만 붙이므로 네트가 작고 가벼우며 탈모부위를 면도한 뒤 두피를 깨끗하게 닦아낸 다음 품질이 좋고 부착력이 뛰어난 인체용 접착테이프를 가모 테두리 부분에 나노스킨테이프를 붙여서 자신의 두피에 접착시킨다. 피부에 염증도 일으키지 않고 밀착감이 우수하여 가모의 경계선을 손으로 만져도 거의 느껴지지 않을 정도이다. 빠른 시간에 착용 할 수 있으며 착용감이 뛰어나나 테이프를 1~2일마다 교체해야 하는 번거로움이 있고, 지루성 탈모나 격렬한 운동을 하는 고객은 적합하지 않다.

#### (6) 암환자의 가모

암 환자들에 있어서 가모는 단순한 패션의 목적이 아니라 심리적으로 많은 영향을 끼치게 되며, 항암치료가 끝나고 자신의 건강한 모발로 헤어스타일 연출하기까지 최소한 1~2년은 착용하여야하기 때문에 의료용 가모이다. 민머리 상태에서 가발이 밀리지 않아야 하며, 가발착용이 간편해야 하며 이물감이 없어야 하고 관리가 용이해야한다. 선택 시 고객의 얼굴형에 맞는 것을 선택하여야 하며 무엇보다 기능성이 우수하고 치료가 끝나고 난후 자신의 모발이 자라도 패션의 목적으로 사용이 가능하여야 한다.

### 3) 패션용 가모

패션가모는 멋을 내기 위해서나 변신을 하기 위해서 주로 사용되는 가모로 헤어스타일의 모장에 관련된 변신에 있어 더 이상의 좋은 재료는 없을 것이다. 짧은 시간 안에 다양한 이미지를 연출할 수 있으며 자기의 개성을 표현 할 수 있는 장점이 있다. 탈모 고객 중에는 탈모용 가모에서 모발의 재생과 함께 패션가모로 바꾸어 자신만의 스타일을 표현하는 고객도 있고 암 환자의 경우에도 맞춤형 가모대신 패션 가모를 선택하여 착용하는 경우도 있다.

우리나라에는 1996년에 패션가모가 가모 시장을 점유해 왔다고 볼 수 있는데 몇 개의 가모를 가지고 자신의 의상이나 모임의 성격에 따라 다양한 변화를 시도해 코디네이션의 역할을 하였다. 현재도 패션가모는 연예인은 물론 20~30대에게 필수품으로 사용되고 있으며 일부층에서도 꾸준히 사랑을 받고 있다. 패션가모는 전체가모, 부분가모, 반가모, 프린지가모, 달비, 액세서리용 가모가 있으며 그 외에도 연극용 가모, 마네킹가모, 코스프레용 가모 등이 있다.

## 2. 탈모 유형의 전후 모습

가발 패션은 종합예술이며 3차원의 디자인 예술이기도 하다. 가발로 인하여 아름답게도 만들고 젊고 활기차게도 만들어주며 단순한 변신이 아니라 사람성향에 따라 심리적으로 안정을 주기도 하며 삶의 질을 높이는 원인이기도 한다.

탈모유형의 전후모습

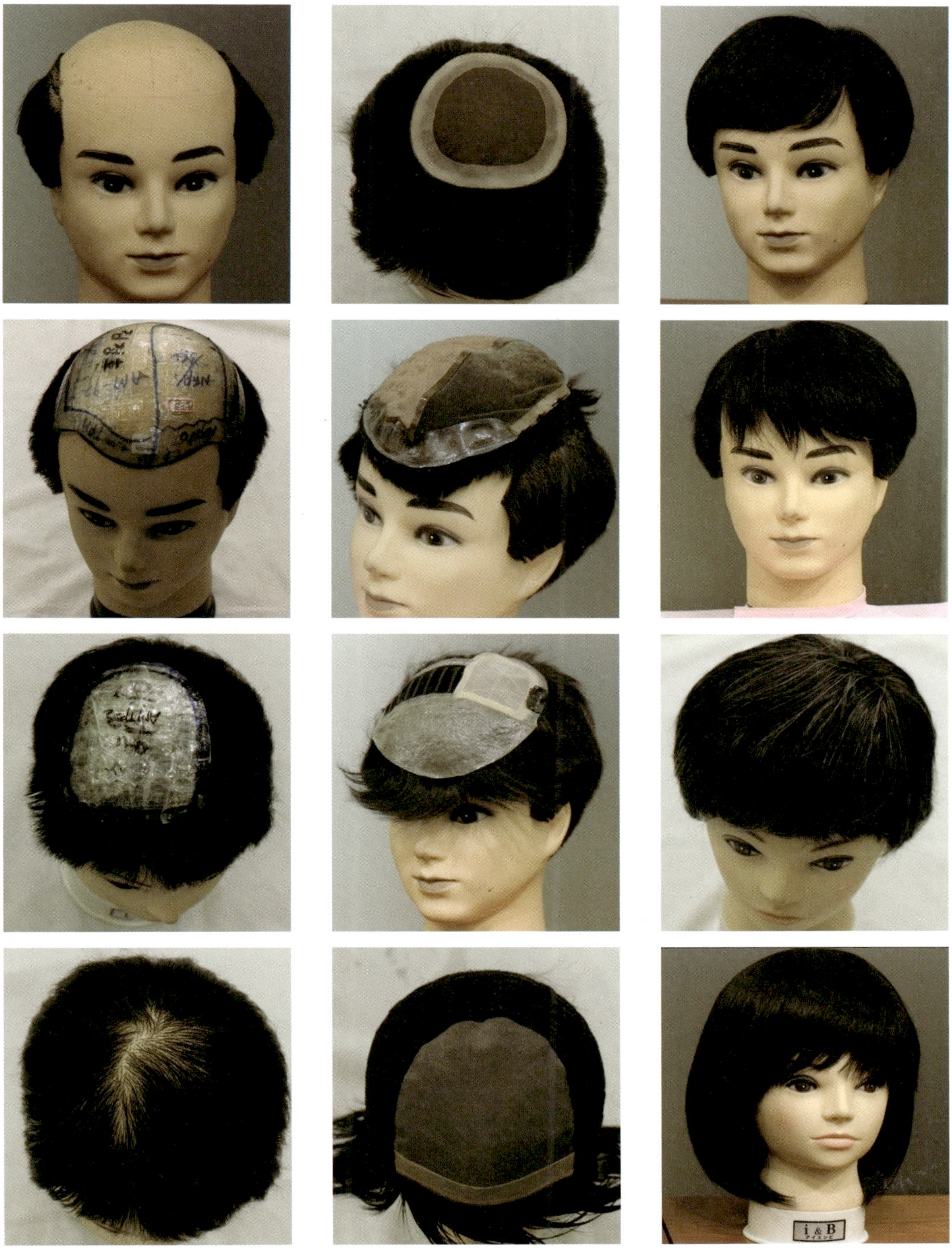

착용 전 가모 착용 후

### 1) 자연스러운 가모 맞춤방법

#### (1) 가모의 모질

자신의 모발과 같은 모질을 선택하여야 하는 것이 중요하며 부드러움, 색상, 질감 등은 본인의 모발에 가장 가까운 것으로 만드는 것이 중요하다.

#### (2) 밸런스

모량 주위의 모발과 맞추는 것이 중요하며 나이에 따라, 부위에 따라, 충분한 상담이 이루어졌을 때 제작하는 것이 좋다.

#### (3) 스타일

모발의 방향이나 웨이브 상태, 가르마 등 자신의 얼굴형에 맞게 제작하는 것이 자연스러우며 부분별로 싱글, 반 싱글, 더블, 반 더블 등으로 기술을 구사하여 제작하는 것이 가장 중요하다.

## 3. 가모 선택의 중요성

### 1) 환기성

가모의 착용방법에 따라 자연스러움이 요구되는 것은 본인의 모발 색상이나 흰 머리카락 및 모질 등을 충분히 고려하여 본인의 특성에 맞추어 탈모 부분에 따라 모량을 조절하는 것이 가장 자연스러운 가모이다.

### 2) 가벼움

가모의 크기에 따라 무게감이 달라지지만 가장 가벼운 소재를 사용하여 착용감을 느끼지 못할 정도로 불편함이 없어야 한다.

### 3) 편리한 관리

외출 전·후의 손질법으로 간편하고 손쉽게 관리 할 수 있어야 되며 본인의 스타일에 연출 할 수 있는 가모가 가장 좋은 제품이다.

## 평가표

| 학습 내용 | 학습 목표 | 학생평가 | | | 교수평가 | | |
|---|---|---|---|---|---|---|---|
| | | 상 | 중 | 하 | 상 | 중 | 하 |
| 가모소재의 특징 및 종류 | • 가모 원사의 특징을 이해하고 파악할 수 있다 | | | | | | |
| | • 가모 원사의 관리방법을 이해하고 파악할 수 있다 | | | | | | |
| | • 망의 종류를 이해하고 파악할 수 있다 | | | | | | |
| | • 가모의 종류를 이해하고 파악할 수 있다 | | | | | | |
| | • 좋은 가모 조건을 이해하고 파악할 수 있다 | | | | | | |

## 서술형 시험

| 학습 내용 | 학습 목표 | 성취수준 | | |
|---|---|---|---|---|
| | | 상 | 중 | 하 |
| 가모소재의 특징 및 종류 | • 가모 원사의 특징을 이해할 수 있는 능력 | | | |
| | • 가모 원사의 관리방법을 이해할 수 있는 능력 | | | |
| | • 망의 종류를 이해할 수 있는 능력 | | | |
| | • 가모의 종류를 이해할 수 있는 능력 | | | |
| | • 좋은 가모 조건을 이해할 수 있는 능력 | | | |

**과제1.** 가모원사의 장, 단점에 대하여 파악해 보자
**과제2.** 좋은 가모 조건에 대하여 정리해 보자

날자

주제

제8장

8

# 가모관리학

| 학습 내용 | 학습 목표 |
|---|---|
| 가모 샴푸방법 | • 가모의 종류와 특성을 파악하여 샴푸할 수 있다 |
| 가모 드라이 및 부착방법 | • 고객의 모발과 두상에 드라이 및 탈부착 할 수 있다 |
| | • 가모의 자연스러운 연결을 위해 고객 모발에 사전, 사후 작업을 할 수 있다 |
| 가모 관리방법 | • 고객에게 가발의 손질법과 사용법을 설명할 수 있다 |

# 01 가모관리의 실제

## 1. 가모관리 재료 및 도구

부분가발 & 전체가발, 거치대, 가모 브러쉬, 샴푸 볼, 수건, 샴푸, 린스,

# 02 가모샴푸 및 컨디셔너 세척 방법

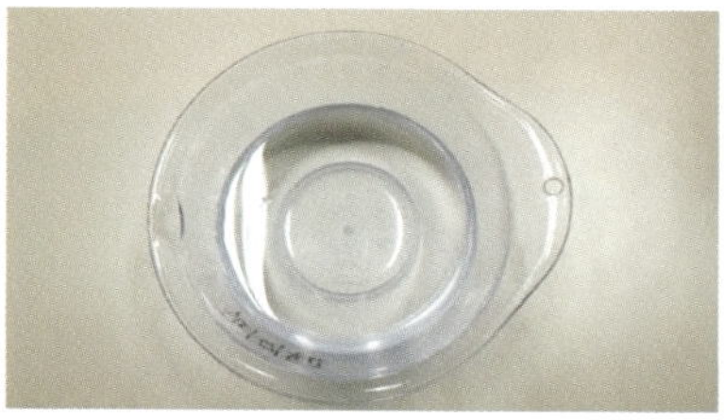

1. 샴푸 볼에 미지근한 물을 담아 샴푸&컨디셔너을 풀어준다

2. 빗질을 한 후 샴푸&컨디셔너 물에 3~5분정도 가모를 담가준다

3. 가모를 손으로 조물조물 주무른다

4. 가모를 흐르는 물에 가볍게 헹구어준다

5. 가모를 3~4번 헹구어 준다

6. 젖은 가모는 수건으로 꾹꾹 눌러준다

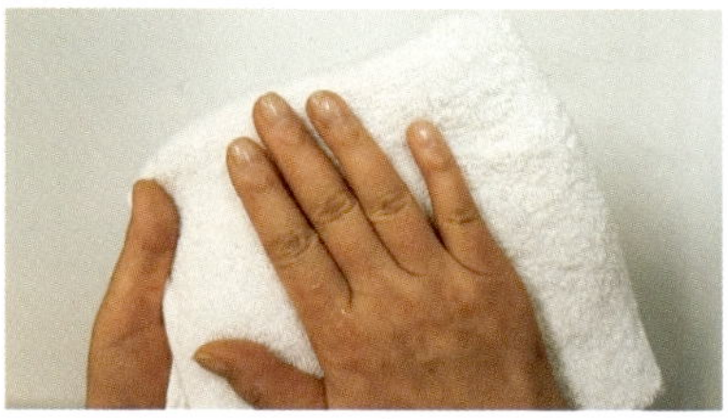

7. 가모의 수분을 70~80% 수건에서 제거 한다

8. 원하는 스타일링으로 연출한 후 건조해 준다

# 03 인모가모 세척방법

1. 샴푸 전에 가모브러쉬로 빗어준다

2. 정수된 미지근한 물에 샴푸를 풀어준다

3. 가모을 미지근한 물에 3분정도 담근후 조물조물 주물러준다

4. 미지근한 물에 세척한 후 3~4번 헹구어준다.

5. 컨디셔너을 풀어준다

6. 가모를 3~4번 헹구어 준다

7. 가모를 헹군 후 꼭 짜준다

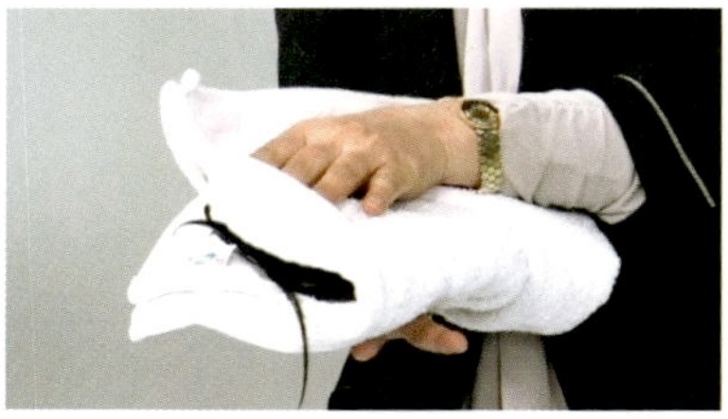

8. 수분을 70~80% 수건에서 제거한 후 건조 시킨다

# 04 가모 드라이 방법

1. 빗질한 후 거치대에 올려준다

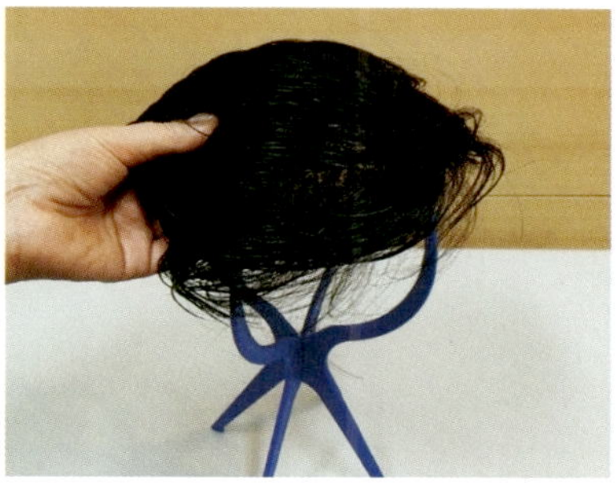

2. 흘러내리지 않도록 손으로 거치대와 함께 잡아준다

3. 손으로 잡은 후 드라이어로 가발망을 건조시킨다.

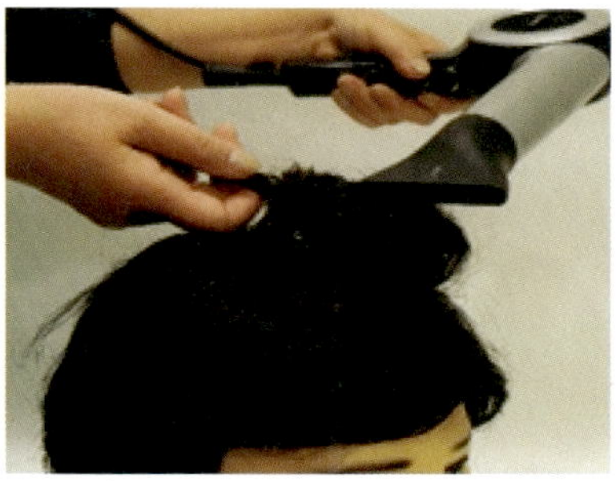

4. 냉 온풍을 번갈아 가면서 드라이해 준다

5. 앞부분은 얼굴형에 맞추어 볼륨을 주면서 드라이 한다

6. 자연스럽게 스타일링을 완성한다

# 05 가모 부착방법

1. 앞이마 부위에 스킨용 양면테이프를 부착한다

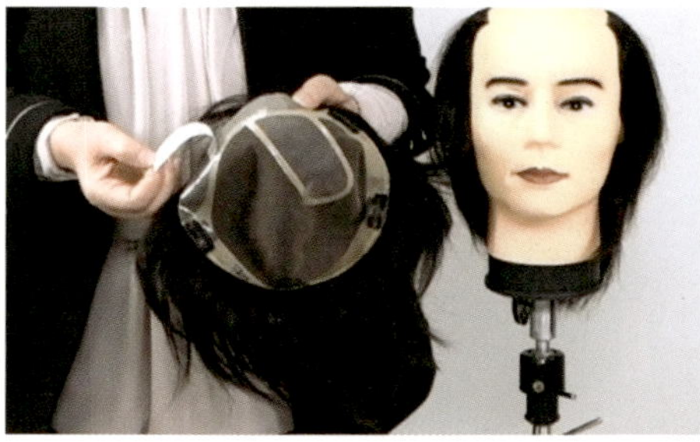

2. 부착한 스킨용 양면테이프를 제거한다

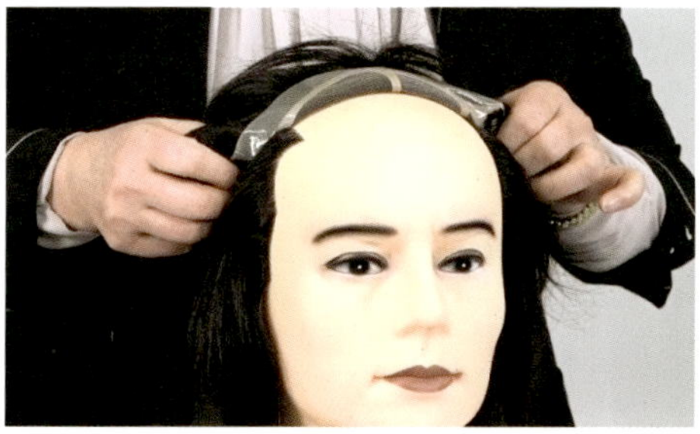

3. 탈모부위와 클립부위을 맞추어 준다

4. 앞이마 부위에 부착한다

5. 부착한 부위를 손으로 눌러준다

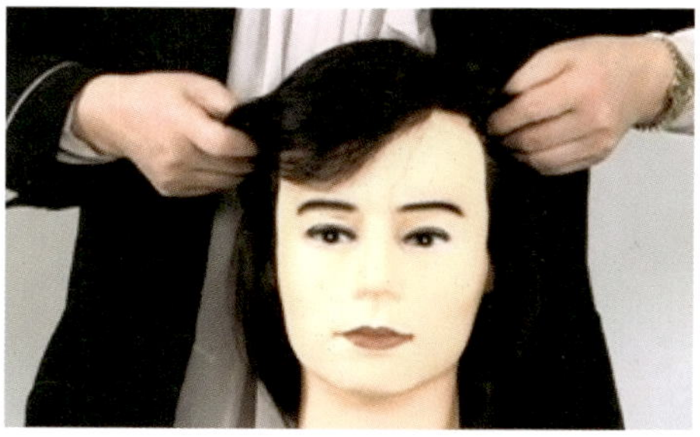

6. 양쪽을 조절하여 클립을 부착한다

7. 가모 브러쉬로 빗질해 준다

8. 가모 브러쉬로 얼굴형에 맞추어 볼륨을 준다

9. 엣센스로 모발 끝부분을 마무리한다

10 가모스타일링 완성한다

# 06 사후관리 및 주의사항

가모수선과 사후관리는 제품에 따라 세척 및 관리방법이 다양하다. 반드시 원사를 확인하고 관리방법을 파악한 후 모양에 변형이 생기지 않도록 한다.

1) 빗은 2가지 이상의 종류로 빗살 간격이 넓고 굵으며 빗살 끝이 둥근것과 가모용 브러시를 사용한다.
2) 빗질 시에는 반드시 유연제 사용하며, 가발 끝에서 위로 올라가면서 빗질을 한다.
3) 가모 보관은 가모걸이를 사용한다.
4) 최대한 통풍이 잘 되는 곳에 보관하고, 먼지가 없는 곳에 보관한다.
5) 변색이 우려되므로 직사광선은 피하여 보관한다.
6) 잦은 염색과 퍼머는 자제해야 한다.
7) 웨이브 가발은  샴푸를 하고 앞머리는 원하는 모양을 만들어 자연 건조 하여야 한다.
8) 세팅 웨이브를 원하는 경우는 샴푸 후 수분을 제거한 후 찍찍이을 말아서 통풍이 잘 되는 곳에서 완전히 건조한다.
9) 가모는 제작과정에서 산과 염색의 과정으로 큐티클이 제거 된 상태이며 본인에 머리카락과는 전혀 다른 상태이므로 주의가 필요하다.
10) 머리카락을 딱딱하게 하는 화학약품을 사용하지 말아야 한다.

## 평가표

| 학습 내용 | 학습 목표 | 학생평가 | | | 교수평가 | | |
|---|---|---|---|---|---|---|---|
| | | 상 | 중 | 하 | 상 | 중 | 하 |
| 가모 삼푸방법 | • 가모의 종류와 특성을 파악하여 샴푸할 수 있다 | | | | | | |
| 가모 드라이 및 부착방법 | • 고객의 모발과 두상에 드라이 및 탈부착 할 수 있다 | | | | | | |
| | • 가모의 자연스러운 연결을 위해 고객 모발에 사전, 사후 작업을 할 수 있다 | | | | | | |
| 가모 관리방법 | • 고객에게 가발의 손질법과 사용법을 설명할 수 있다 | | | | | | |

## 서술형 시험

| 학습 내용 | 학습 목표 | 성취수준 | | |
|---|---|---|---|---|
| | | 상 | 중 | 하 |
| 가모 삼푸방법 | • 가모의 종류와 특성을 파악 할 수 있는 능력 | | | |
| | • 가모 디자인을 파악 후 샴푸 할 수 있는 능력 | | | |
| 가모 드라이 및 부착방법 | • 부분가발을 능숙하게 씌울 수 있는 능력 | | | |
| | • 전체가발을 능숙하게 씌울 수 있는 능력 | | | |
| 가모 관리방법 | • 가모에 사전, 사후 작업을 능숙하게 할 수 있는 능력 | | | |
| | • 가모을 능숙하게 건조하고 보관할 수 있는 능력 | | | |

| 과제1. | 다양한 가모관리방법을 설명하고 따라 해 보자 |
|---|---|
| 날자 | |
| 주제 | |

| | | | |
|---|---|---|---|
| 가모 샴푸방법 | | | |
| | | | |
| 가모 드라이 방법 | | | |
| | | | |
| 가모 부착방법 | | | |
| | | | |

제9장

9

# 가모 디자인학1

| 학습 내용 | 학습 목표 |
|---|---|
| 가발헤어스타일 디자인과 상담 | • 탈부착식 및 고정식 패턴을 이해하고 파악할 수 있다 |
| 패턴제작 | • 탈부착식 및 고정식 패턴 뜨는과정을 작업할 수 있다 |

# 01 가모디자인

## 1. 패턴도구

패턴용 비닐, 투명테이프(16mm~18mm),
수성 삼색펜(빨강,파랑,검정), 구슬핀, 일반가위, 줄자, 탈모마네킹

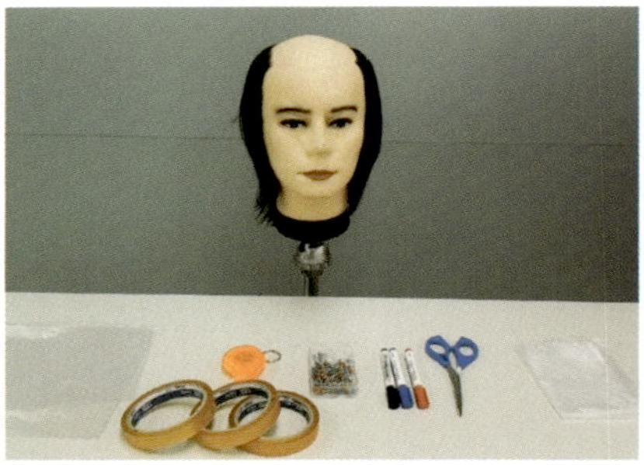
패턴도구

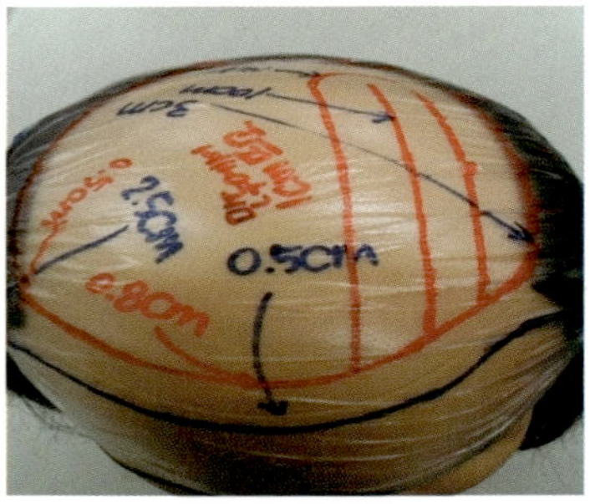

두상스케치(실습용)

## 2. 패턴제작 및 실제

패턴작업 과정은 고객의 얼굴형과 탈모부위를 파악한 후 반드시 디자인을 결정한다. 디자인에 따라서 탈모부분에 따른 두상스케치를 한다. 일반적으로 두상스케치를 할때 먼저 이마위치를 선정하고 미간에서 손가락 4개 정도로 기준점을 선정한다.

그리고 가르마 위치 및 두상의 둘레위치를 선정하여 패턴을 그려준다. 패턴이 끝나면 모발 색상을 결정한 후 패턴을 완성해준다. 패턴제작은 클립이 없는 고정식 패턴과 클립이 있는 탈부착형 패턴으로 나눌 수 있으며 가르마위치는 얼굴형에 따라서 다양하다. 또한 실제 남,여 탈모고객과 마네킹에 실습시에는 디자인을 구별 한 후 제작 하여야 한다.

## 1) 고정식 패턴

가르마 위치에 따라 다양하게 고정식 패턴을 제작한다.

(1) 좌측 가르마형

(2) 우측 가르마형

(3) 프리 스타일형

(4) 창작 스타일형

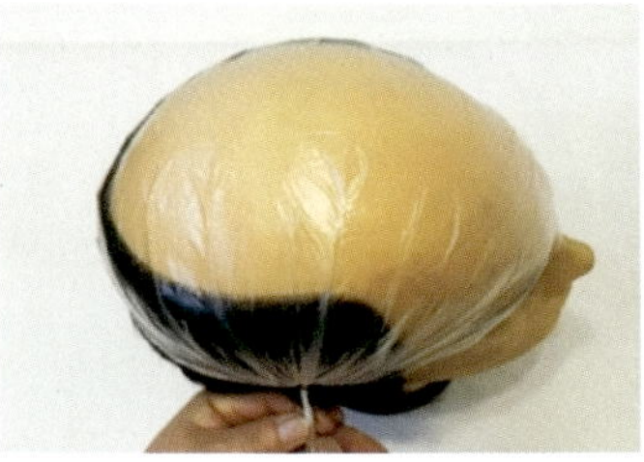

탈모부분에 비닐패턴지를 씌운다.

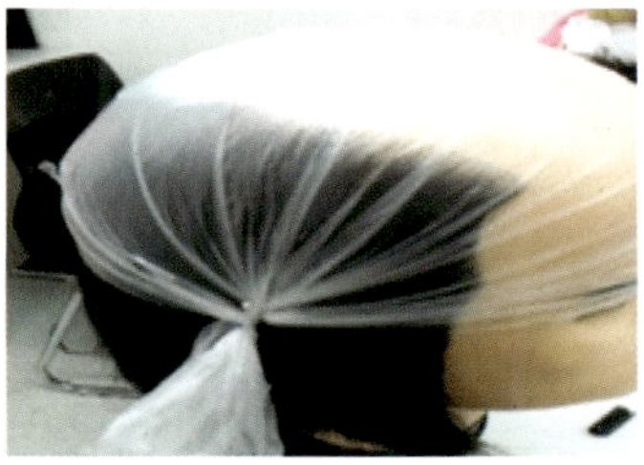

패턴지를 회전하여 E.B.P에 고정한다. 이때 패턴지를 두상에 밀착하여야 한다.

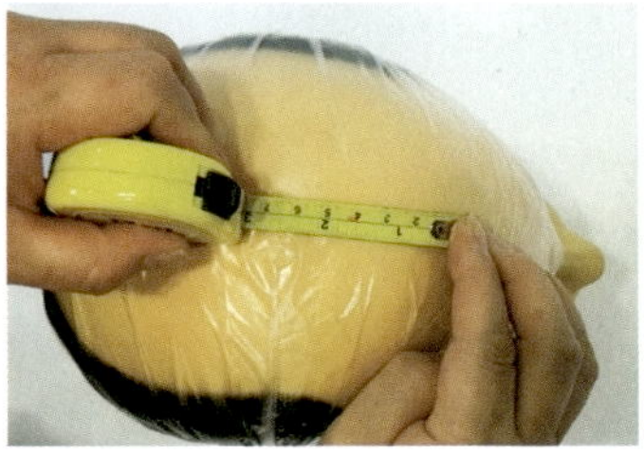

탈모부분의 길이는 줄자를 이용하여 측정한다.

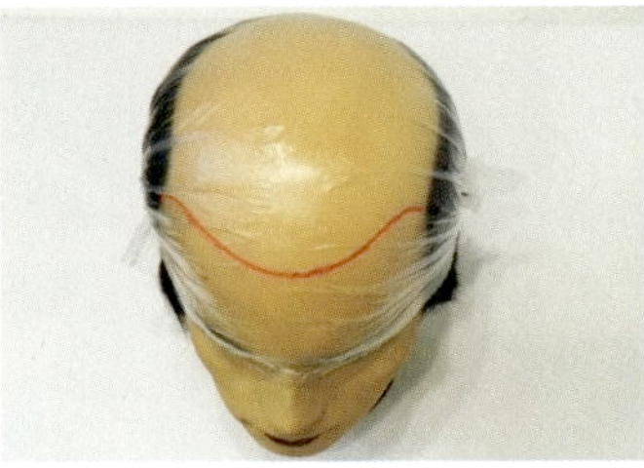

탈모부분에 빨간색 수성펜으로 그린 후 연결해준다.

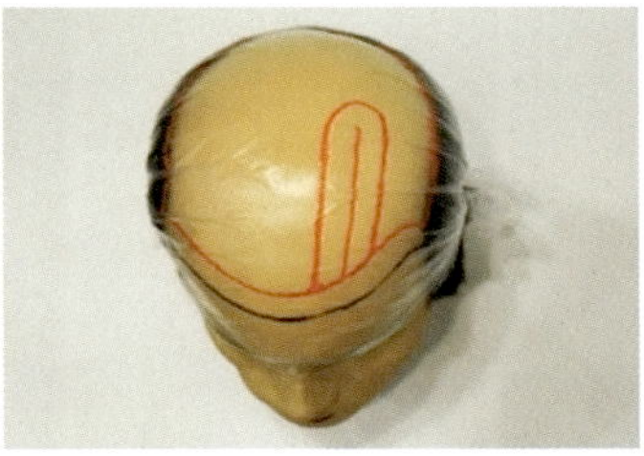

가르마와 가마부분을 결정하여 연결해준다.

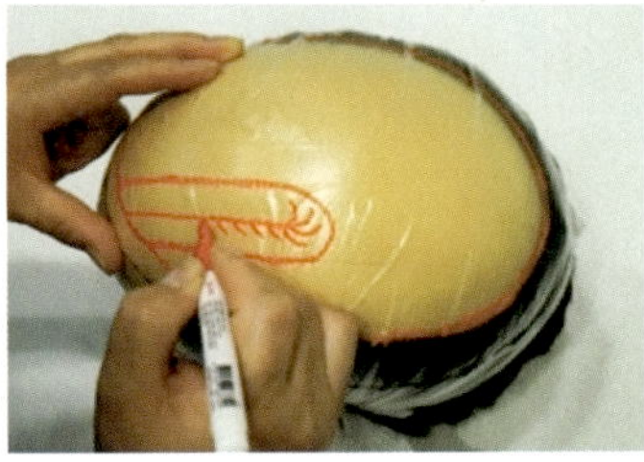

가르마 선과 모류방향을 제시 해준다.

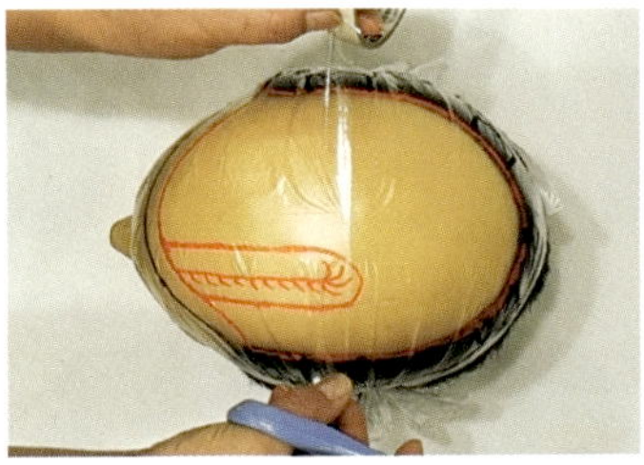

3회 반복하여 테이핑 작업을 한다. 테이핑 작업 1회를 한후 두상 스케치를 한번더 그려준다.

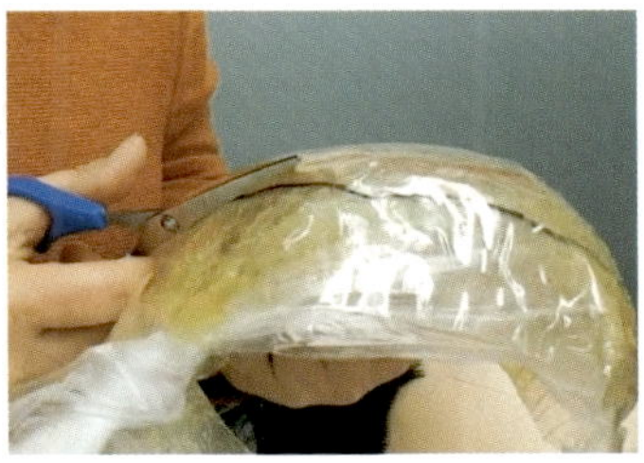

테이핑 작업이 끝난후 캡을 벗긴후 탈모 경계를 기준으로 패턴을 자른다.

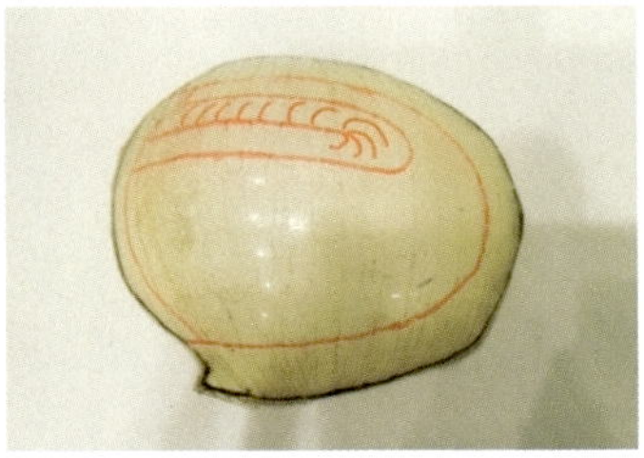

고정식 패턴 완성된 모습

## 2) 탈부착식 패턴

가르마 위치에 따라 다양한 탈부착식 패턴을 제작한다.

(1) 좌측 가르마형

(2) 우측 가르마형

(3) 프리 스타일형

(4) 창작 스타일형

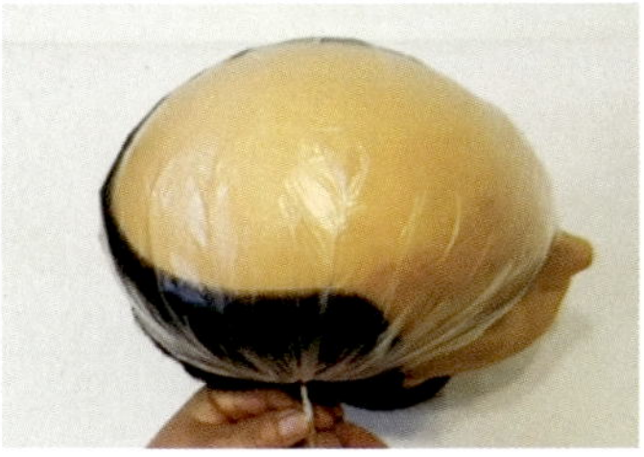

탈모부분에 비닐패턴지를 씌운다

패턴지를 회전하여 E.B.P에 고정한다. 이때 패턴지를 두상에 밀착하여야 한다.

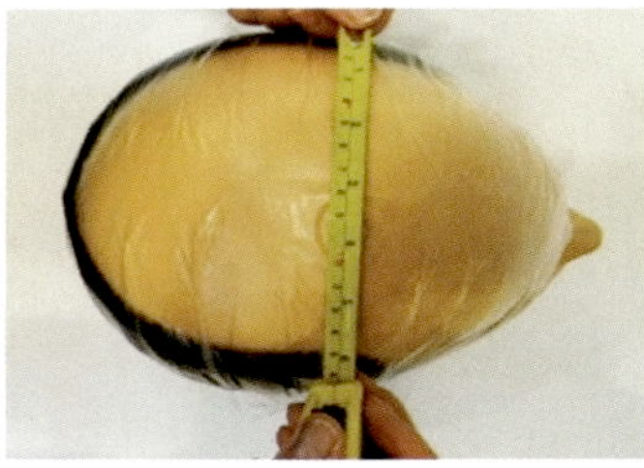

탈모부분의 길이는 줄자를 이용하여 측정한다

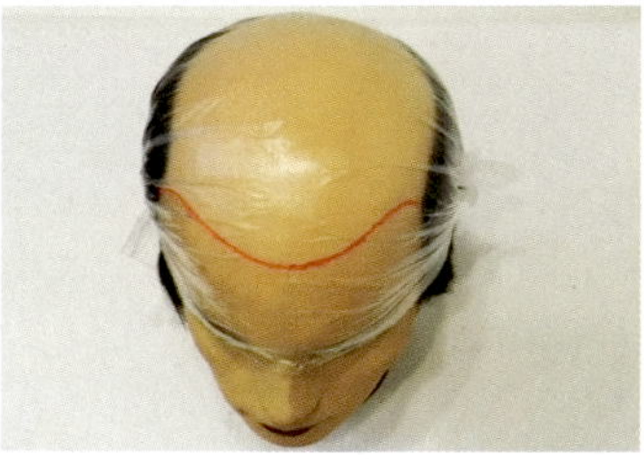

탈모부분에 빨간색 수성펜으로 그린 후 연결해준다.

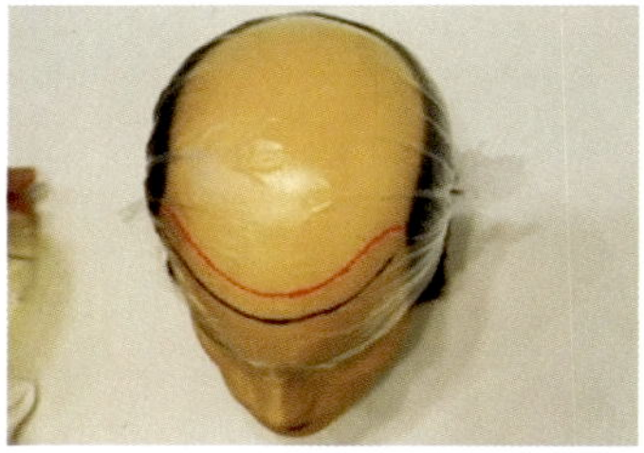

탈모부분에 검정색 펜으로 점을 그린후 연결해준다

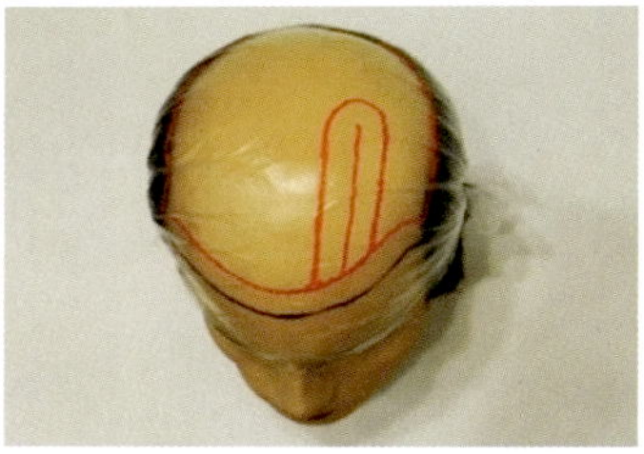

가르마와 가마부분을 결정하여 연결해준다

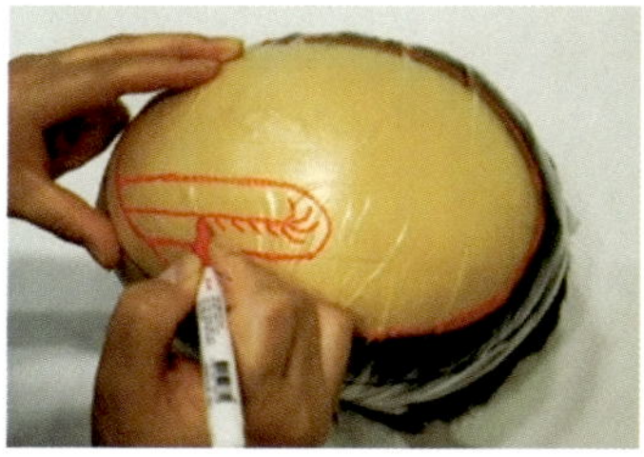

가르마 선과 모류방향을 제시 해준 후 파란색 펜으로 클립부분 자리를 그려준다.

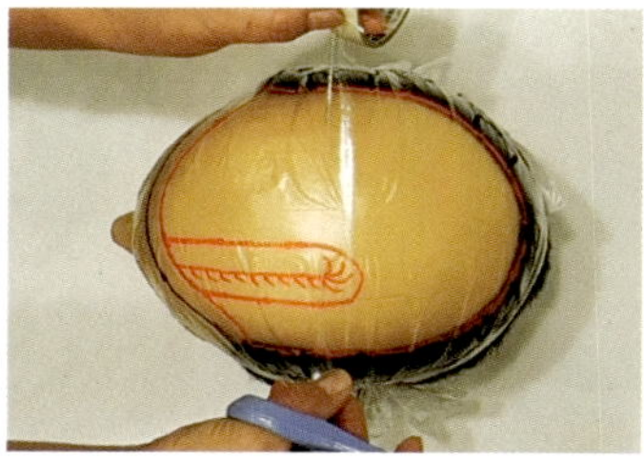

3회 반복하여 테이핑 작업을 한다. 테이핑 작업 1회를 한후 두상스케치를 한번더 그려준다.

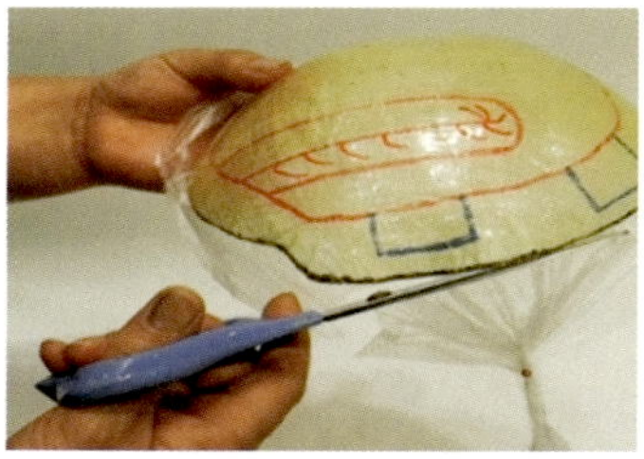

테이핑 작업이 끝난후 캡을 벗긴후 탈모 경계를 기준으로 패턴을 자른다.

패턴 완성

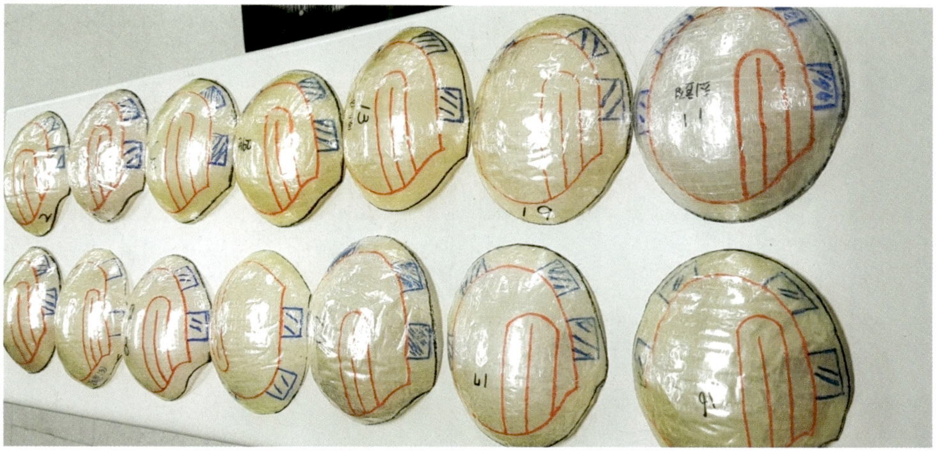

탈부착형 패턴완성

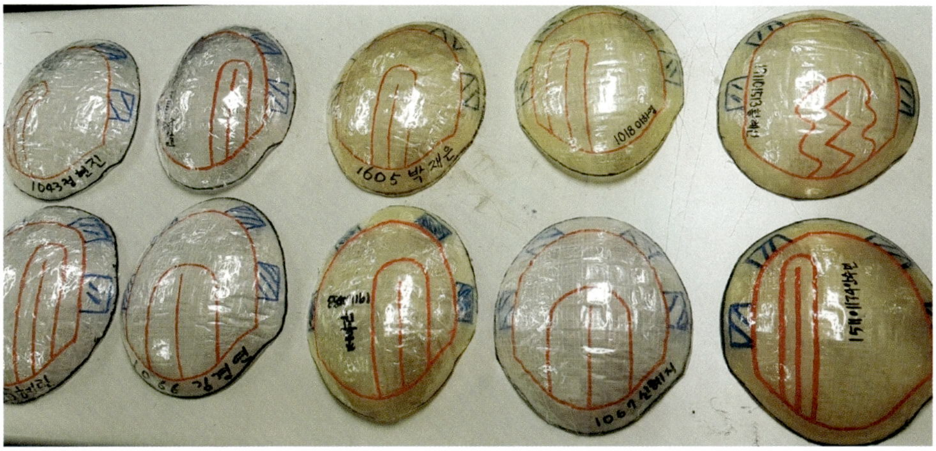

다양한 탈부착형 패턴

# 02 현장 실무과정

다양한 실습을 반복적으로 연마하고 현장 답사를 체험한 후 자격증을 취득한다.

정모: 원사를 정리하는 작업

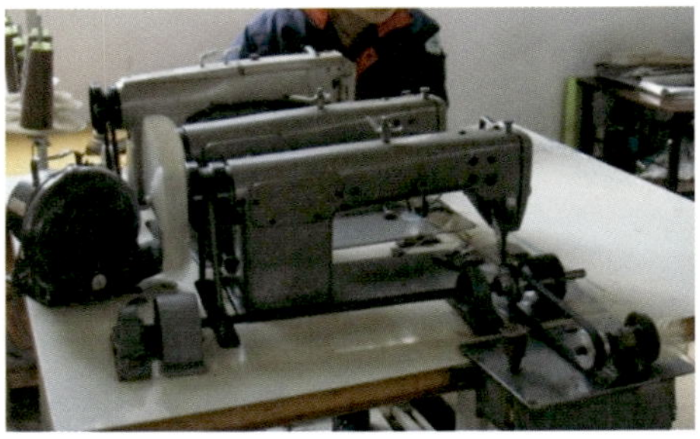

쌍침: 미싱 바늘이 2개씩 장착 된 미싱, 3개1조, 고도의 기술(미노작업)

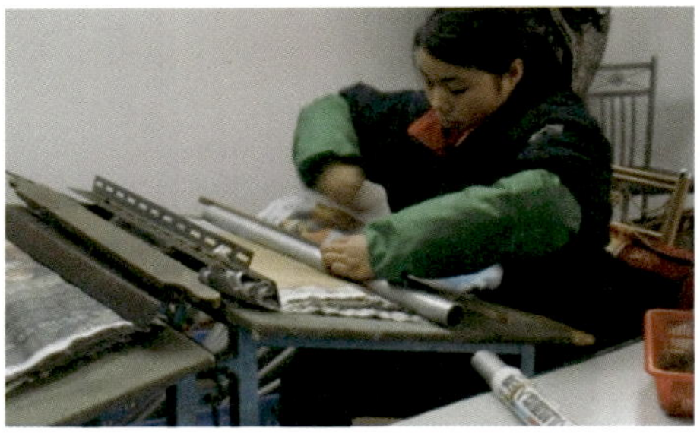

컬 감는 과정

수제 스킨 작업

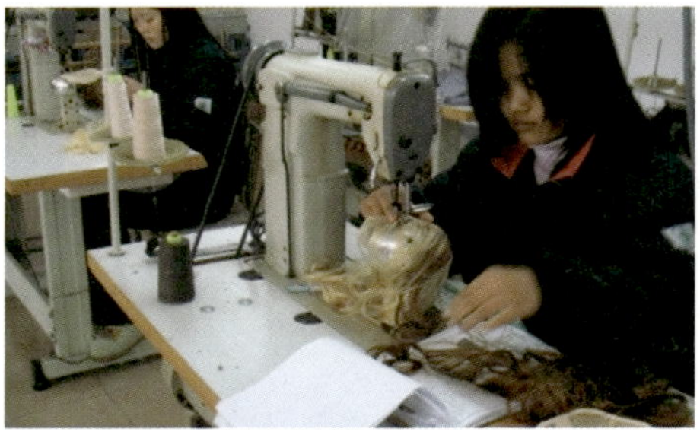

고침: 가모 위에 올려 놓고 미싱작업

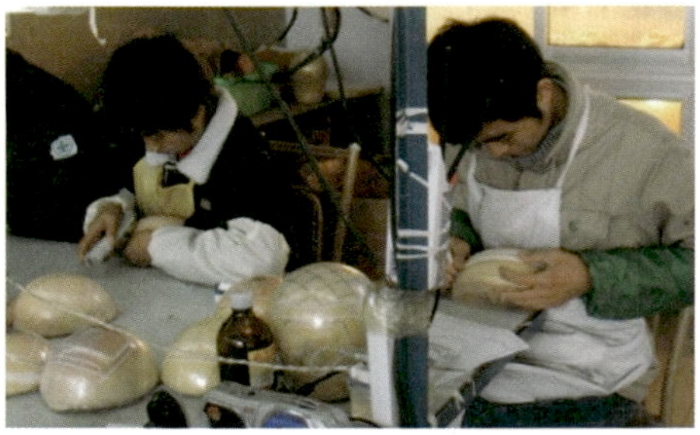

코팅 작업: 남자 기모 캡을 만들기 위한몰딩

수업실무과정

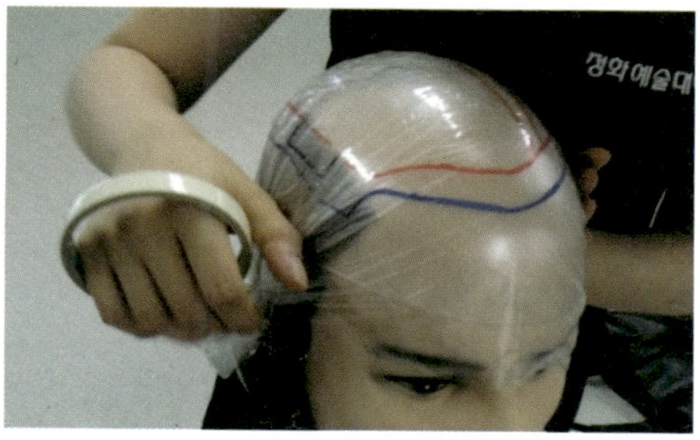

패턴실무과정

수업실무과정 가모관리방법

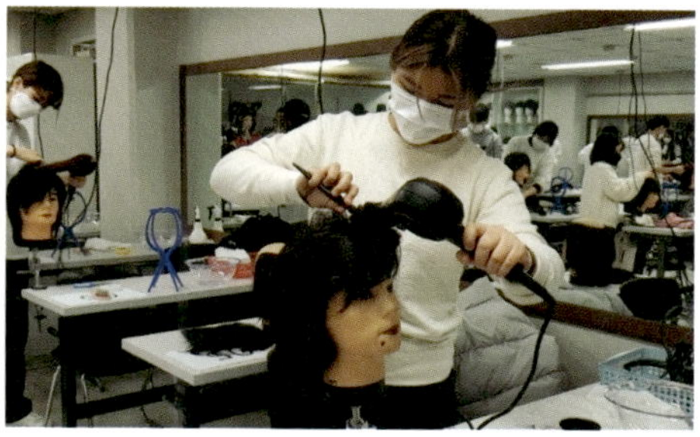
수업실무과정 가모드라이방법

수업실무과정 고객카드작성방법

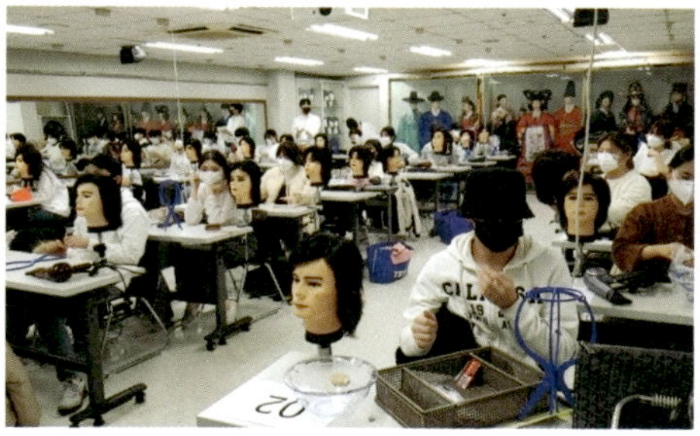
가모관리사 자격증시험과정

## 평가표

| 학습 내용 | 학습 목표 | 학생평가 | | | 교수평가 | | |
|---|---|---|---|---|---|---|---|
| | | 상 | 중 | 하 | 상 | 중 | 하 |
| 가발헤어스타일 디자인 상담 | • 탈부착식 패턴을 이해하고 파악할 수 있다 | | | | | | |
| | • 고정식 패턴을 이해하고 파악할 수 있다 | | | | | | |
| 패턴제작 | • 탈부착식 패턴 뜨는 과정을 할 수 있다 | | | | | | |
| | • 고정식 패턴 뜨는 과정을 작업을 할 수 있다 | | | | | | |

## 서술형 시험

| 학습 내용 | 학습 목표 | 성취수준 | | |
|---|---|---|---|---|
| | | 상 | 중 | 하 |
| 가발헤어스타일 디자인과 상담 | • 탈부착식 패턴을 이해할 수 있는 능력 | | | |
| | • 고정식 패턴을 이해할 수 있는 능력 | | | |
| 패턴제작 | • 탈부착 패턴 뜨는 과정을 할 수 있는 능력 | | | |
| | • 고정식 패턴 뜨는 과정을 할 수 있는 능력 | | | |

과제1. 40대 남성에게 어울리는 우파트 고정식 패턴을 제작해 보자
과제2. 50대 남성에게 어울리는 좌파트 탈부착식 패턴을 제작해 보자

날자

주제

<table>
<tr><td rowspan="2">두상<br>스케치<br>및<br>설명</td><td></td><td></td></tr>
<tr><td></td><td></td></tr>
<tr><td rowspan="4">패턴제작<br>과정<br>및<br>완성도</td><td></td><td></td></tr>
<tr><td></td><td></td></tr>
<tr><td></td><td></td></tr>
<tr><td></td><td></td></tr>
</table>

제10장

10

# 가모 디자인학2

| 학습 내용 | 학습 목표 |
| --- | --- |
| 네팅 및 증모 디자인 상담 | • 네팅& 증모을 이해하고 네팅& 증모과정 작업할 수 있는 있다 |
| 네팅 및 증모 제작방법 | • 고객의 네팅&증모 모발과 두상에 연결할수 있는 있다<br>• 네팅&증모의 자연스러운 연결을 위해 고객 모발에 사전.사후 작업을 할수 있는 있다 |
| 네팅 및 증모 관리방법 | • 네팅&증모의 손질법과 사용법을 설명할 수 있는 있다<br>• 네팅&증모의 보관 방법과 건조방법에 대해 설명할 수 있는 있다 |

# 01 수제(네팅)방법

네팅 방법은 심는방법에 따라 싱글, 반더블, 더블방법으로 각각 다르다.

싱글방법은 두 가닥의 모발을 한 번에 감아 준 후 빼어준다.

반더블은 두 가닥의 모발 중에 한 가닥을 감아준 후 빼어주고 다시 전체를 감아서 빼어준다. 더블은 두 가닥의 모발을 한 번에 감아 준 후 빼어주고 다시한번 반복 해주는 방법이다.

일반적으로 현장에서는 모발이 빠지지 않게 하는 반더블 방법을 주로 사용 한다.

### 재료 및 도구

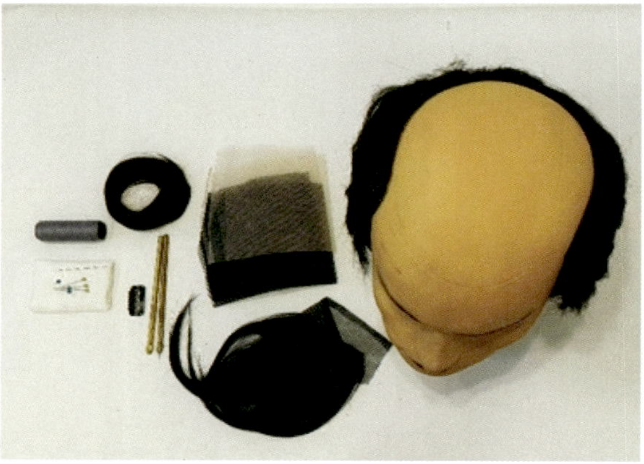

바늘대, 바늘, 심는가모, 구슬핀, 망, 탈모마네킨

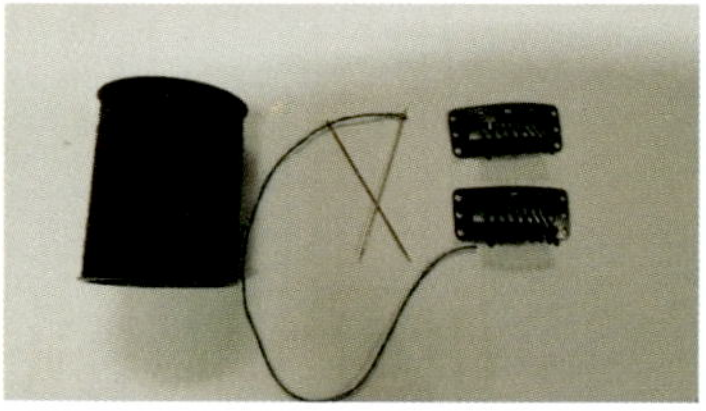

클립 4개, 실과 바늘

## 1. 부분가발 연출방법

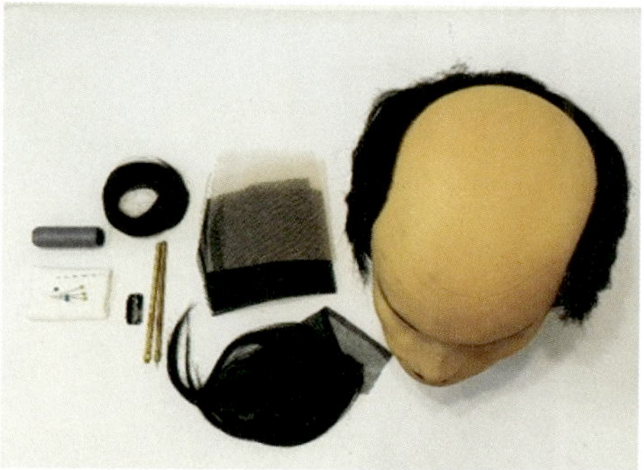

1. 네팅에 필요한 바늘과 바늘대, 구슬핀, 망, 심는 모발,탈모 마네킨을 준비한다.

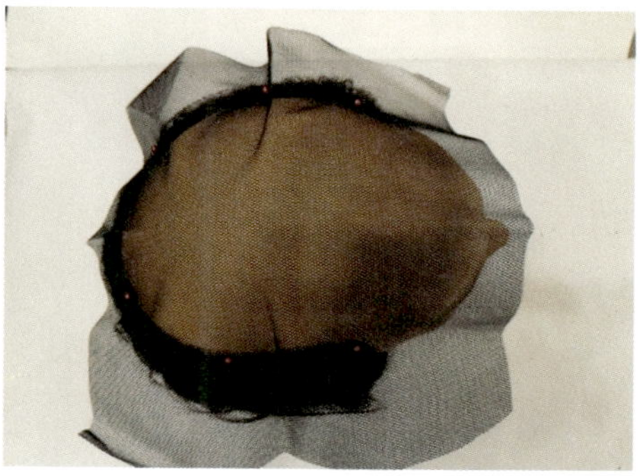

2. 마네킨위에 망을 준비한다.

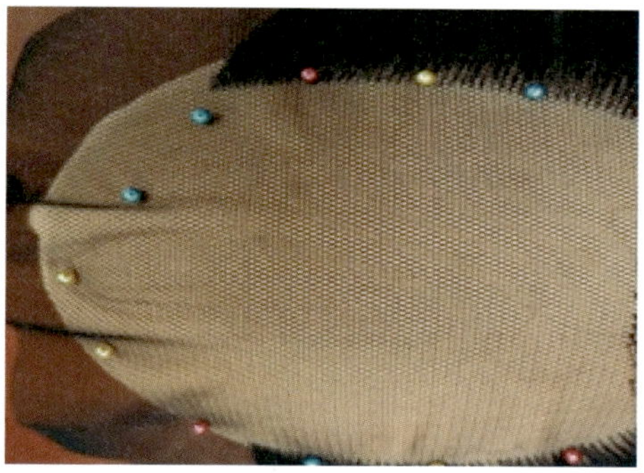

3. 망은 탈모마네킨 위에 씌운후 구슬핀으로 고정 한다.

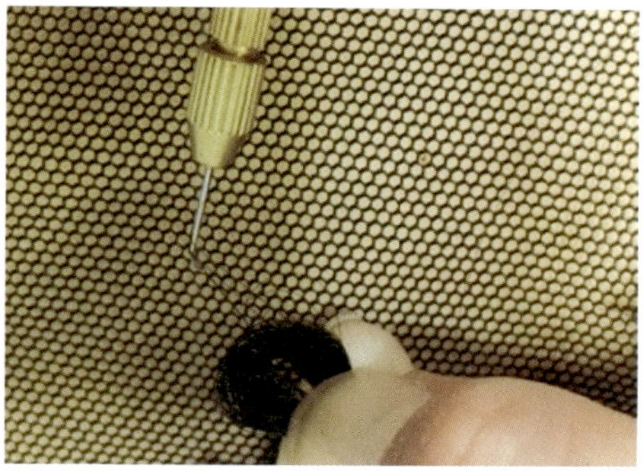

4. 바늘대를 이용하여 심는모발을 망에 옮겨 심는 다.

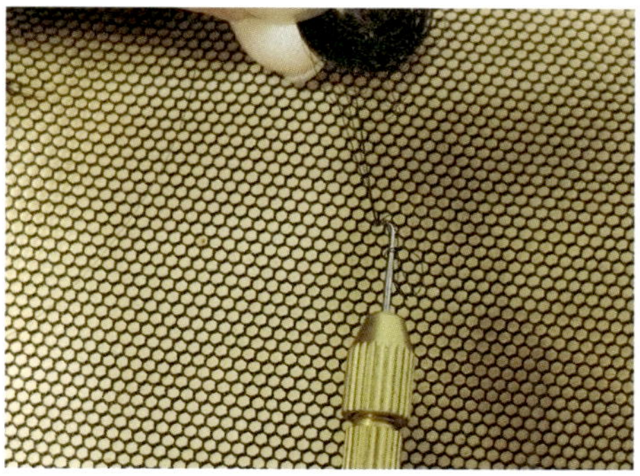

5. 바늘대를 1번 망에서 2번망으로 넣어준다.

6. 넣은 바늘에 모발을 한번 감은후 2번 망에서 1번 망으로 빼준다.

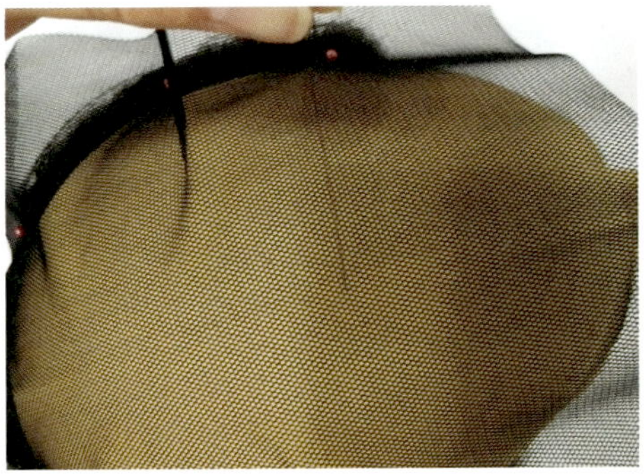

7. 빼어준 모발을 엄지와 검지 손으로 잡아 당겨 준다.

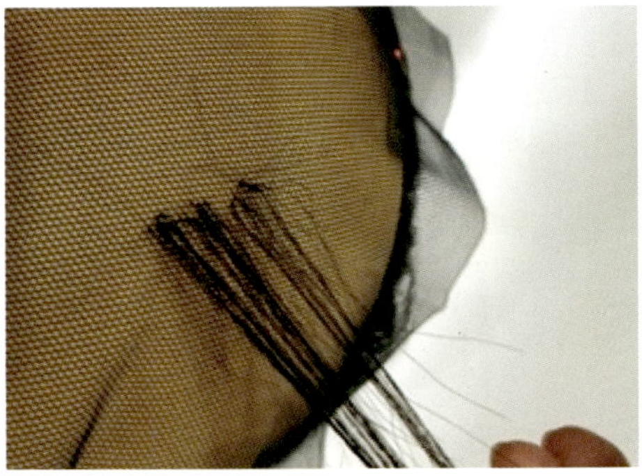

8.반복해서 모발을 심어준다.

9. 부분가발을 완성한다.

10. 다양한 부분가발 완성

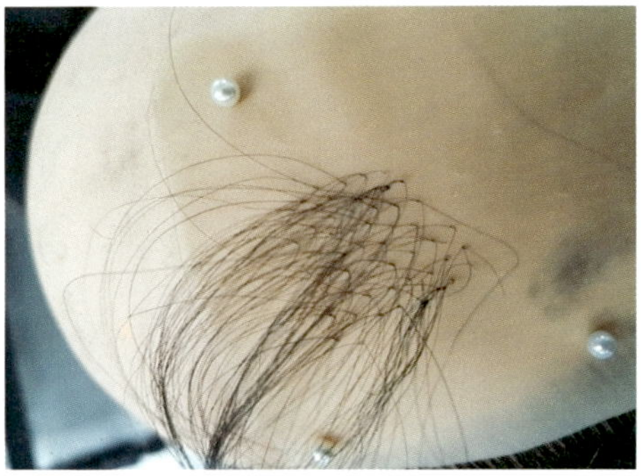

스킨위에 심은 모발

## 2. 고전수염 연출방법

모티브 사진

1. 네팅에 필요한 바늘과 바늘대, 구슬핀, 망, 모발, 탈모 마네킨을 준비한다.

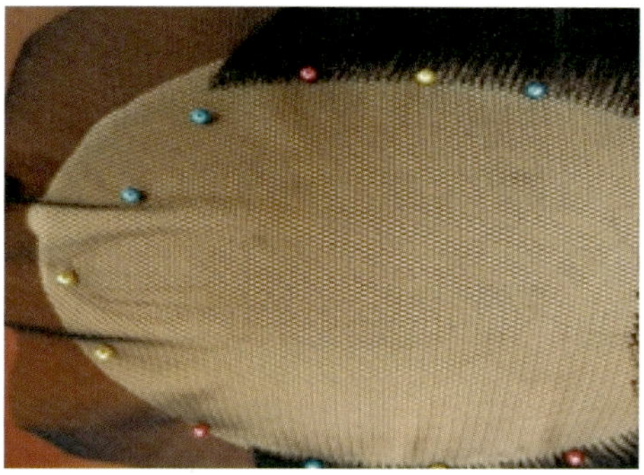

2. 망은 탈모마네킨 위에 씌운후 구슬핀으로 고정한다.

3. 모발을 망에 옮겨 심는다.

4. 2번 망에서 1번 망으로 빼준후 반복해서 심어준다.

5. 네팅 완성

6. 완성한 수염을 붙여준다.

7. 빗으로 곱게 빗어준다.

8. 레쟈를 이용하여 커트해준다.

9. 커트한 수염을 드라이한다.

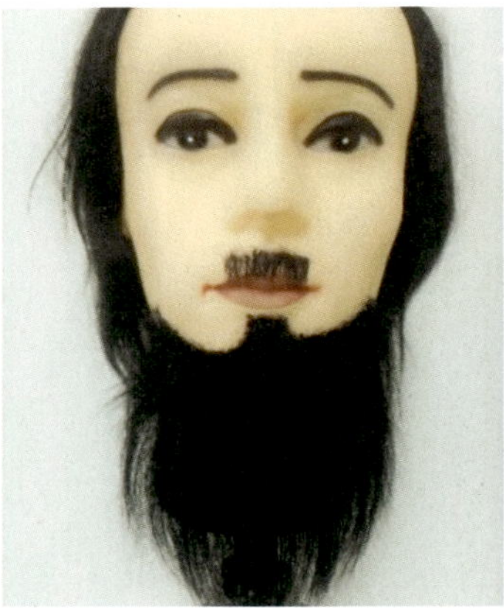

10. 고전수염 완성

11. 다양한 수염완성

## 3. 클립달기 실무

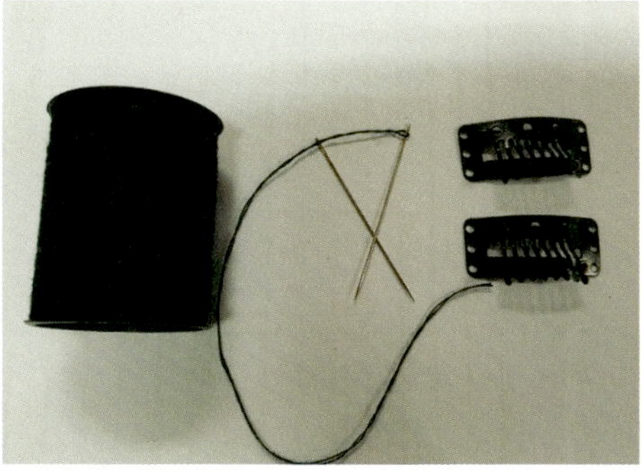

1. 클립과 실, 바늘을 준비한다.

2. 부분피스를 준비한다.

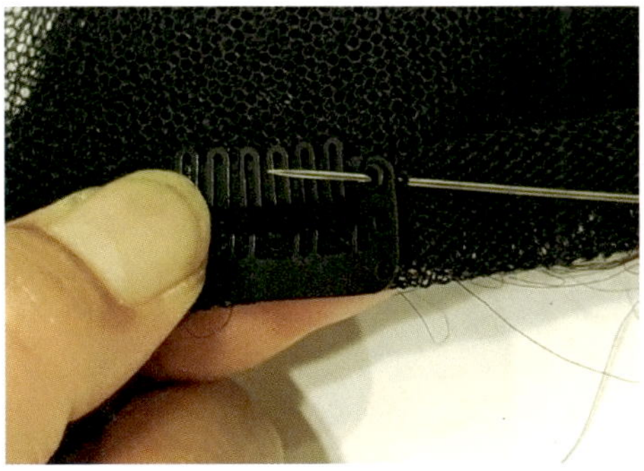

3. 실과 바늘을 이용하여 클립을 고정해 준다

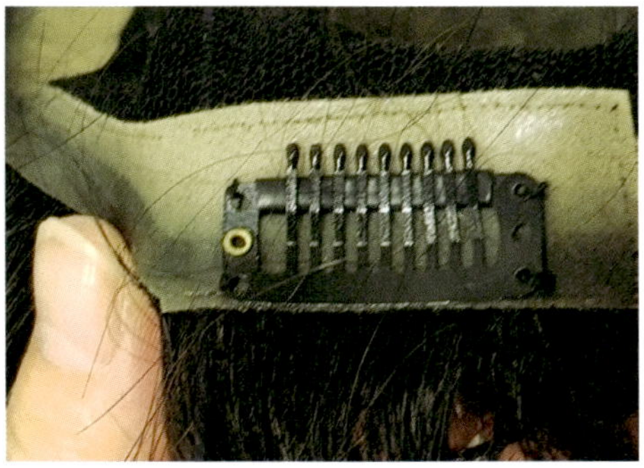

4. 클립을 완성한다

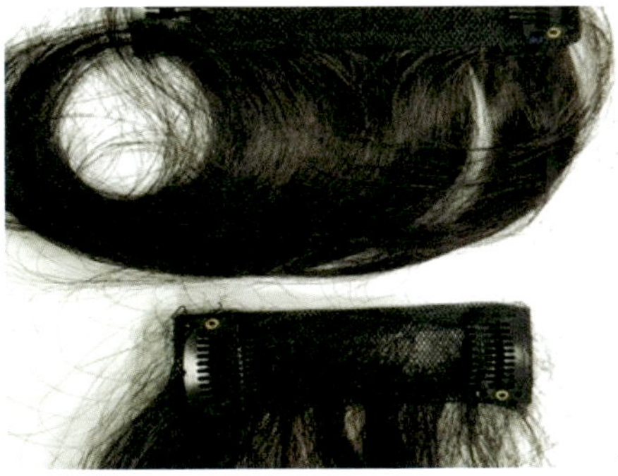

5. 부분피스에 클립을 부착한다.

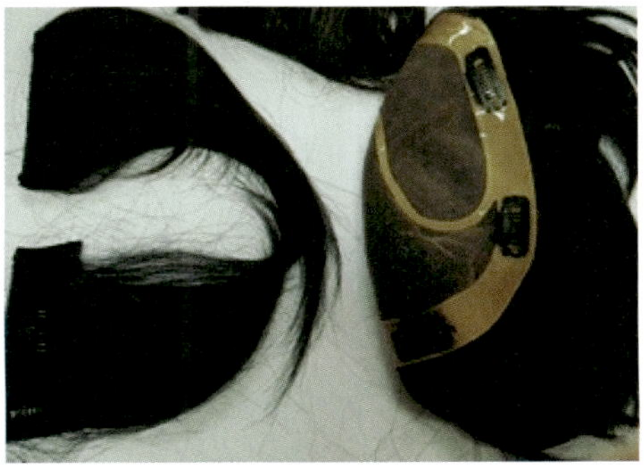

6. 다양한 가발에 클립부착완성

# 02 증모방법

증모방법은 인모 한가닥(0.008 g)에 특수 제작된 인공 가모 4가닥(0.006 g)을 묶는 방식으로 모발을 연결해 주는 방법이다. 특수 제작된 인공 가모는 인모 1가닥보다 가볍다고 한다. 단, 업체에 따라 조금씩 다르다.

매듭이 미세하여 거의 눈에 띄지 않으며 시술 후 최소 3년 이상 인모에 붙어 있다. 빗질, 드라이 및 아이롱, 열펌, 직펌 등이 모두 가능한 획기적인 증모 방식으로 열에 대한 것은 가모재료에 따라 조금씩 다르다.

본 머리카락이 자라는 경우에도 시술한 증모를 다시 모근쪽으로 밀어 넣어 리페어가 가능하며 평균 3-4개월에 한 번씩 리페어를 할 수 있어 효율적이고 풍성하게 볼륨을 연출할 수 있는 특징을 가지고 있다.

증모는 가모에 따라 다르지만 일반적으로 가모를 재사용 할 수 있는 특징을 지니고 있어서 현재 많이들 선호하고 있는 추세이다.

다양한 색상으로 연출방법을 할 수 있으므로 모발 손상도가 심한 본 모발에 염색 또는 탈색을 하지 않아도 된다.

특히 정수리& 앞머리 숱없는 분, 가르마부분 머리숱이 적은 분, 원형탈모, 가는모발 등 볼륨을 주고 싶은 사람들에게 동안 연출이 가능하기에 인기 있는 추세이다.

### 재료 및 도구

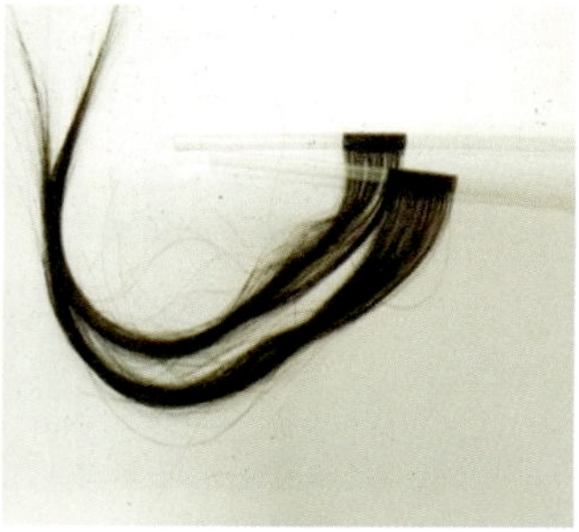

증모모발, 사각판, 스킬바늘, 핀셋 소, 꼬리빗

# 1. 증모과정 방법

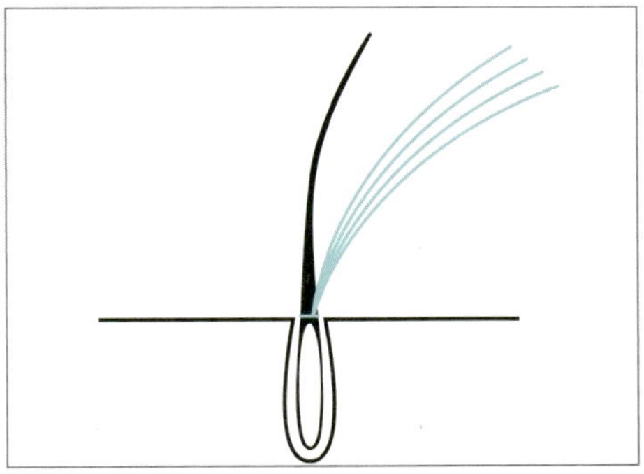

한가닥 모발에 4개의 증모상태

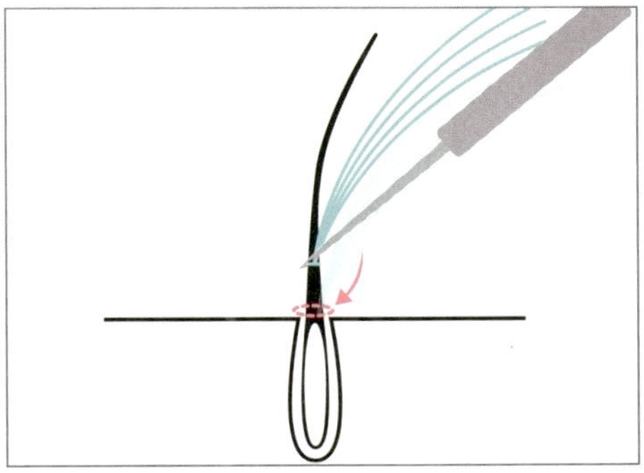

증모한 상태에서 리페어과정

다양한 컬러모발

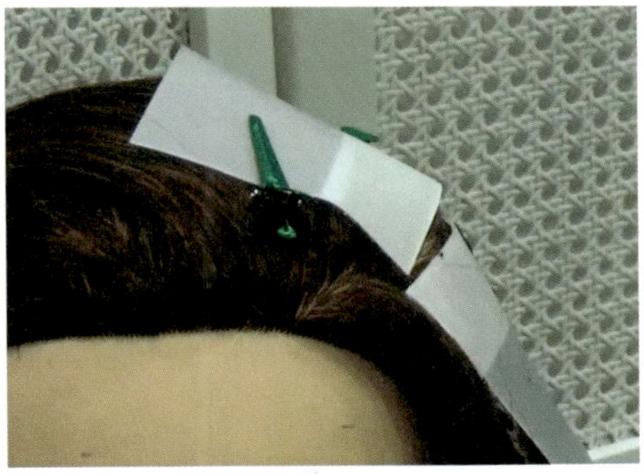

1. 증모와 스킬 바늘대, 사각판을 준비한다.

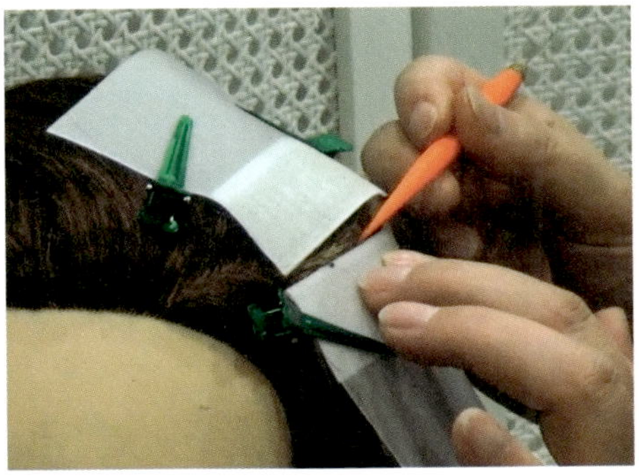

2. 본 모발에서 한 가닥을 선정한다.

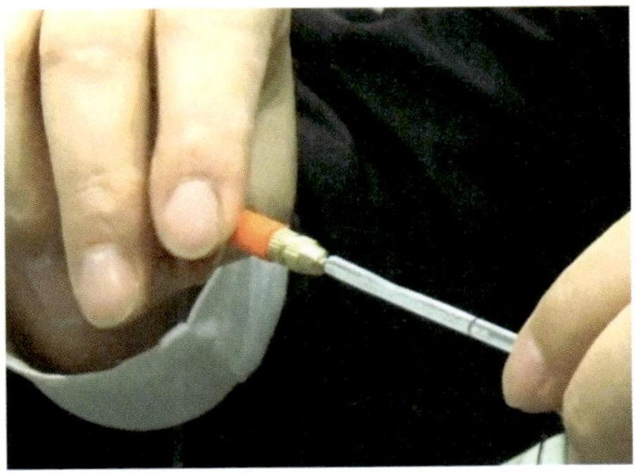

3. 증모를 바늘대에 넣어준다.

4. 본모 발을 바늘구멍에 넣은후 뚜껑을 덮어준 후 모발을 이동한다.

5. 본 모발을 손가락에 x자로 감아준다

6. 손가락에 x자로 된 모발을 안에서 밖으로 이동한다.

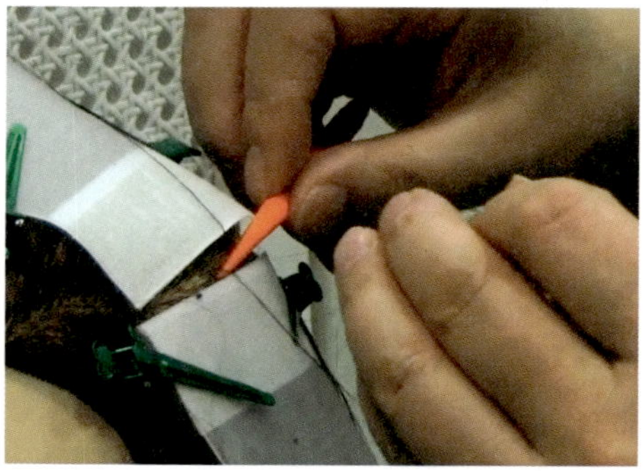

7. 본모발에 있는 매듭을 모근 쪽으로 이동한다.

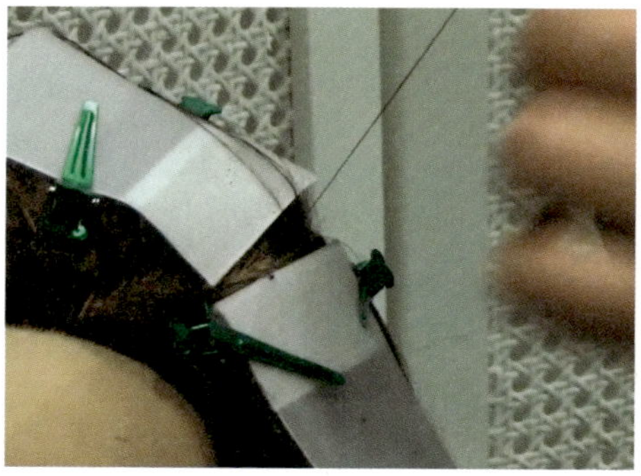

8. 한 가닥 증모 완성

9. 반복해서 증모 완성한다.

## 2. 남.여 증모 연출방법

### 1) 50대 남성 전체 증모

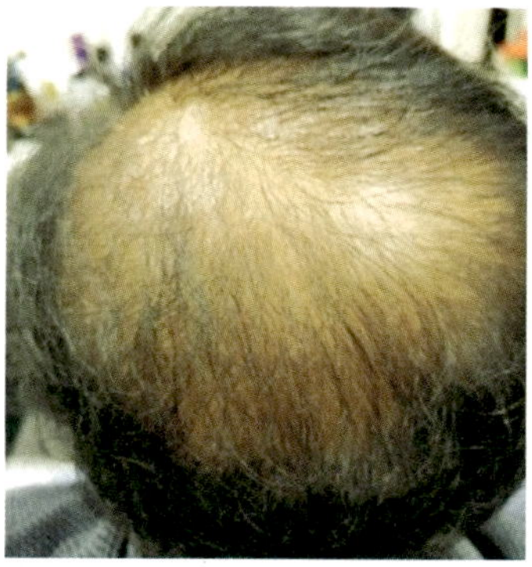
60대 남성모발 시술전상태

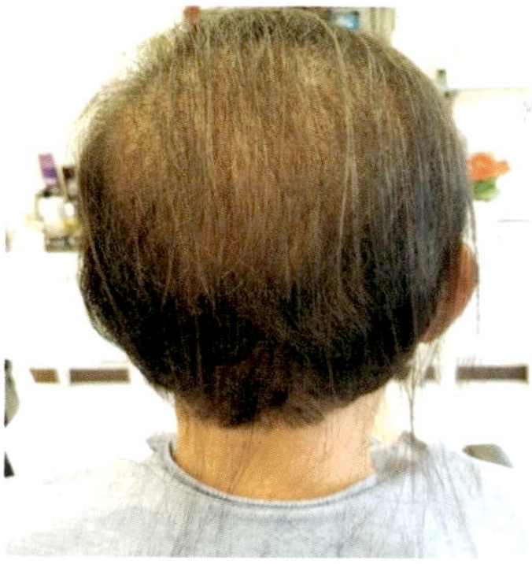
2000모 증모후- 커트전

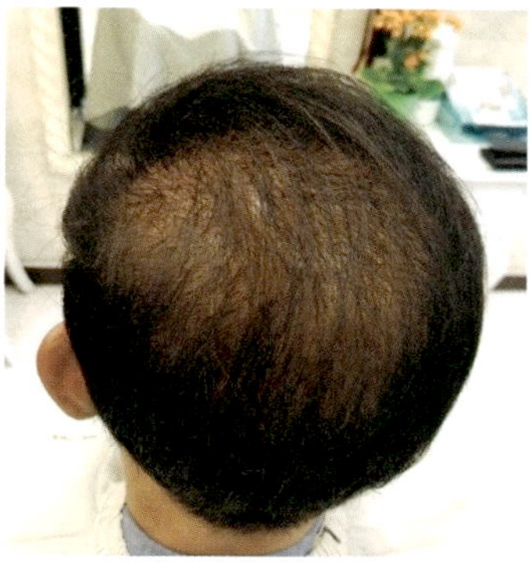
완성된 모습 뒤

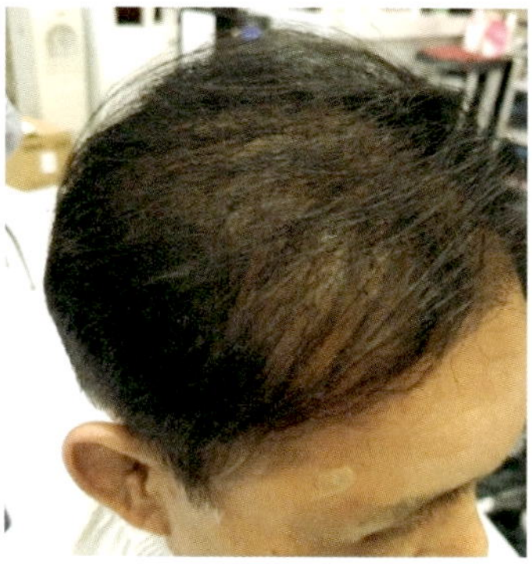
2000모 완성 앞

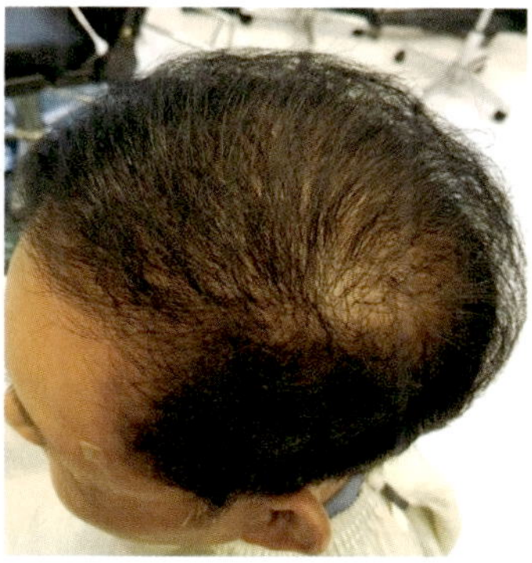
2000모 완성 위

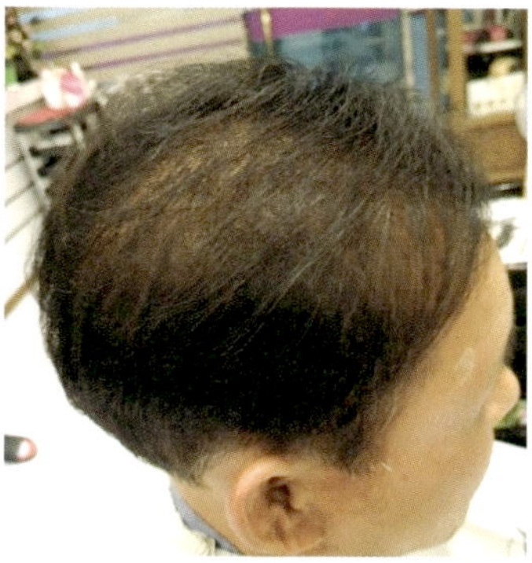
2000모 완성 옆

## 2) 50대 여성 전체 증모

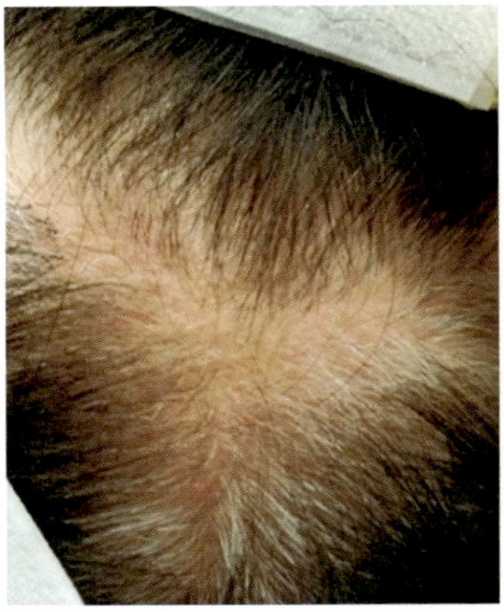

50대 여성 모발 상태

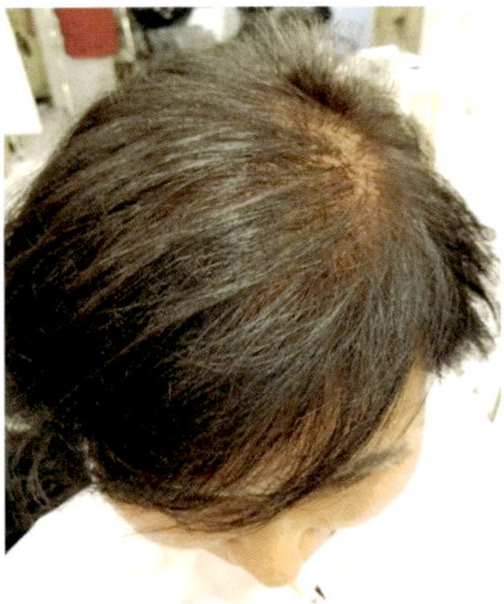

1000모 시술 후

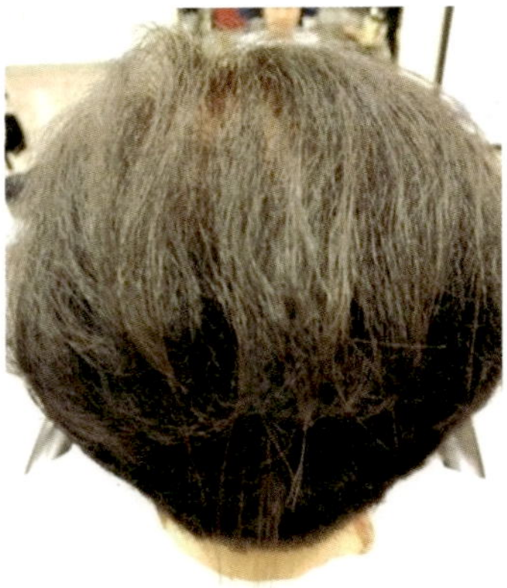

증모 완성 커트전

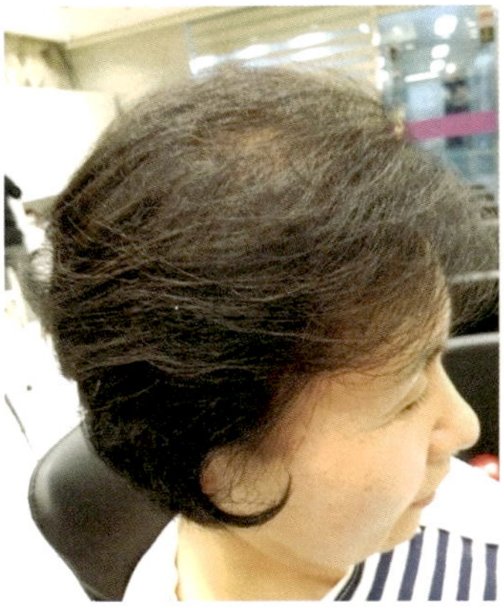

50대 여성 증모완성 옆

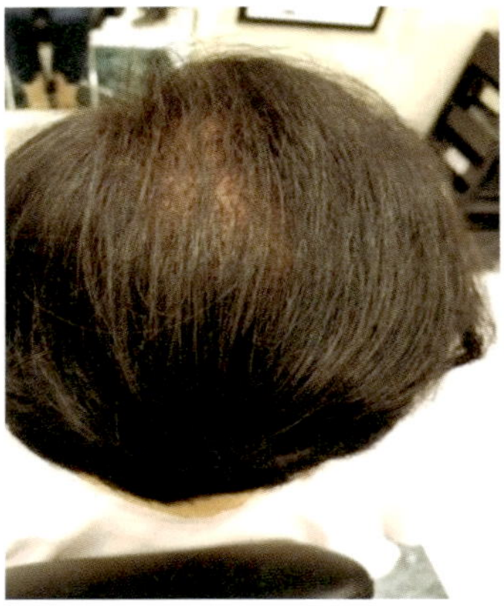

1000모 완성 뒤

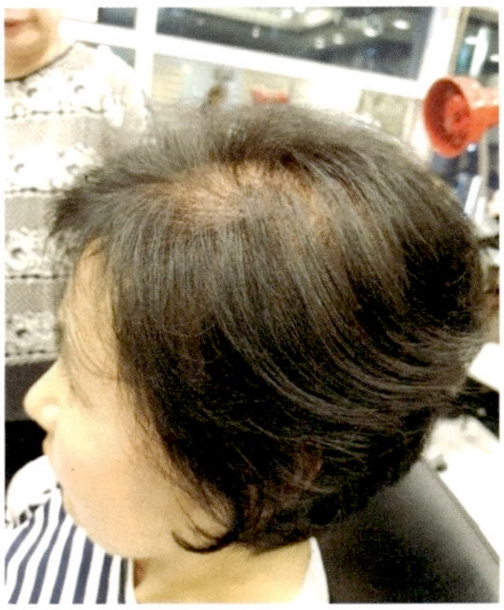

완성된 모습 옆

### 3) 부분 증모

남성 앞 헤어라인 상태

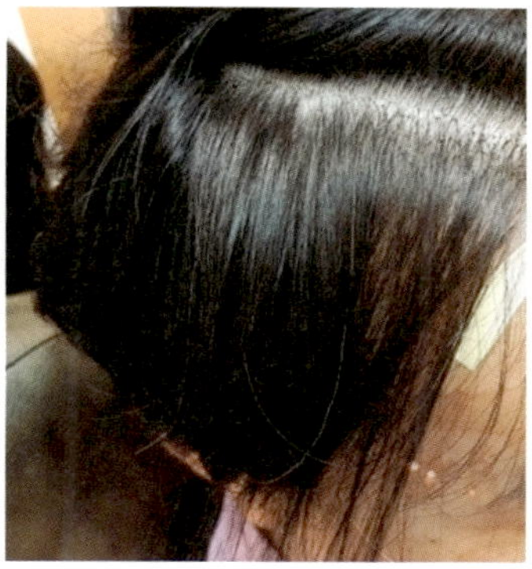
증모한 모습

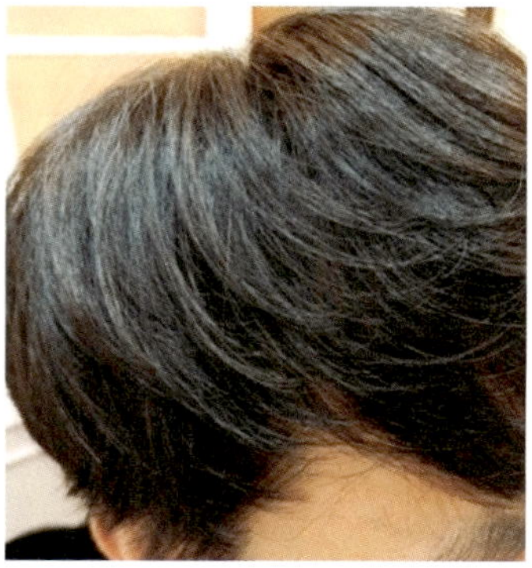
완성된 모습

여성 앞 헤어라인 상태

증모한 모습

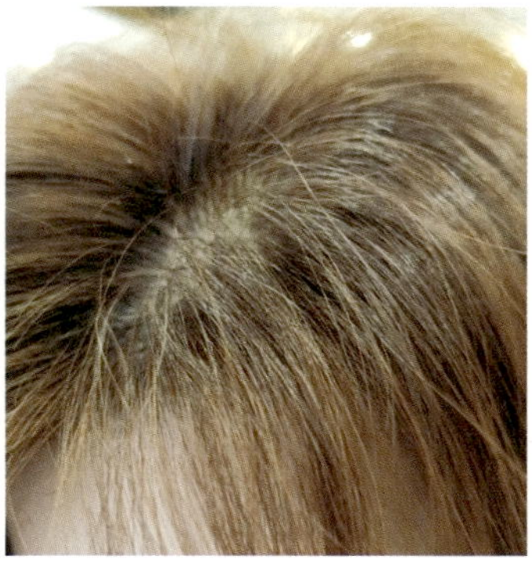
완성된 모습

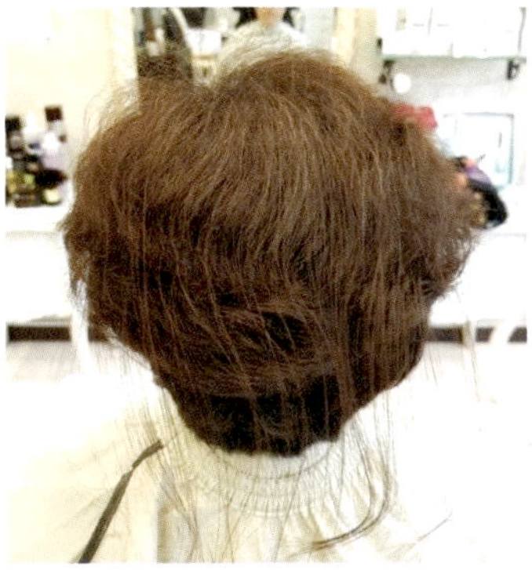
50대 증모후 모습

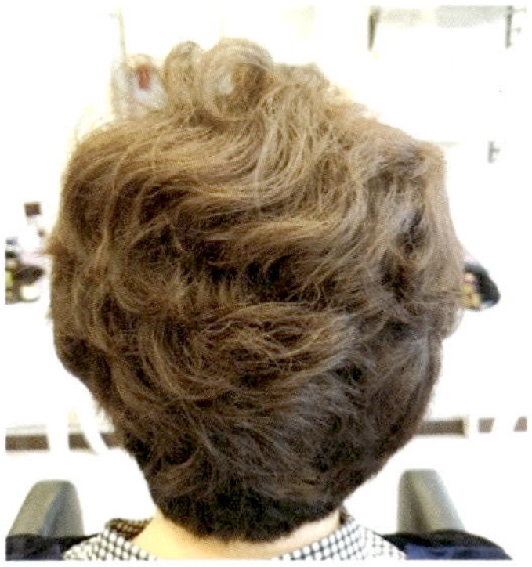
50대 증모후 커트한 모습

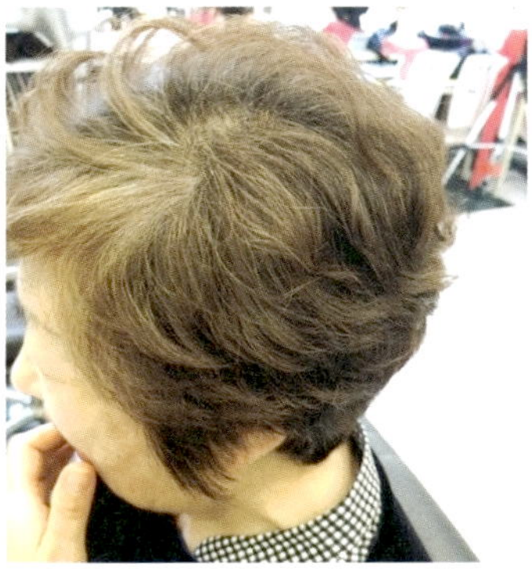
50대 완성된 모습

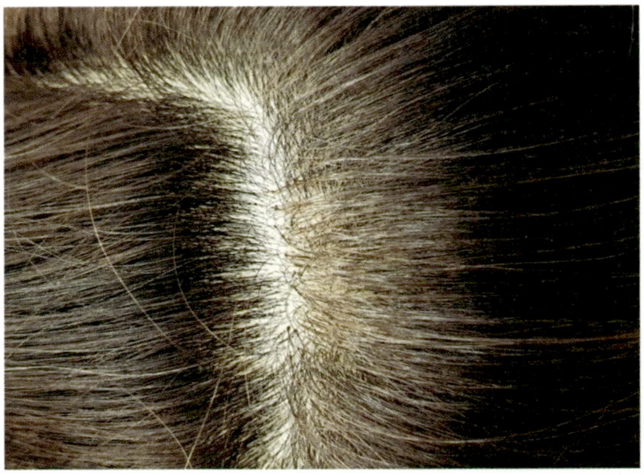

증모한 모근상태1

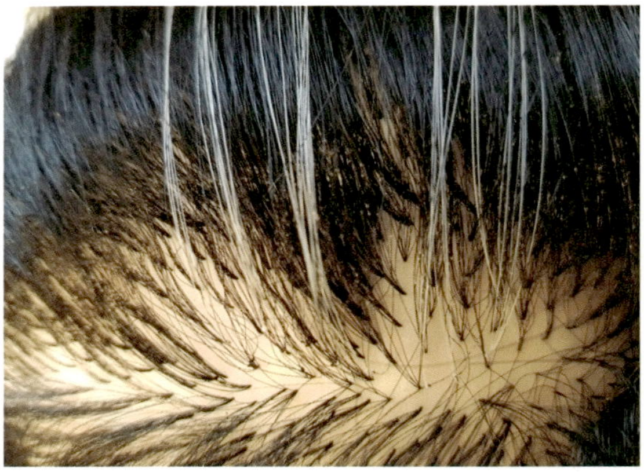

증모한 모근상태2

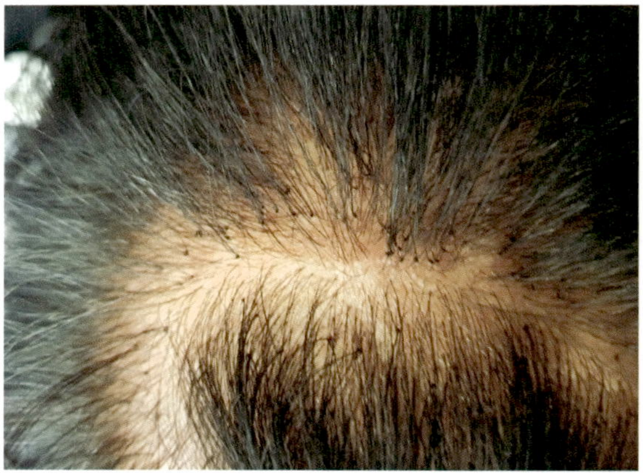

증모한 모근상태3

## 4) 증모 매듭 방법

1. 모발을 한가닥 선택한 후 스킬바늘에 걸어 준다.

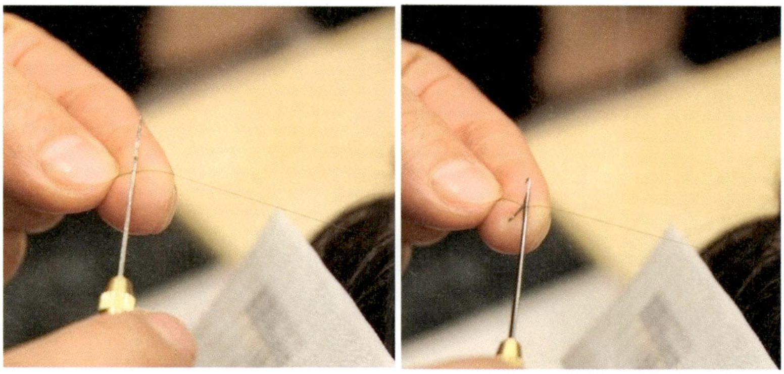

2. 스킬바늘에 모발을 반바퀴 회전한다.

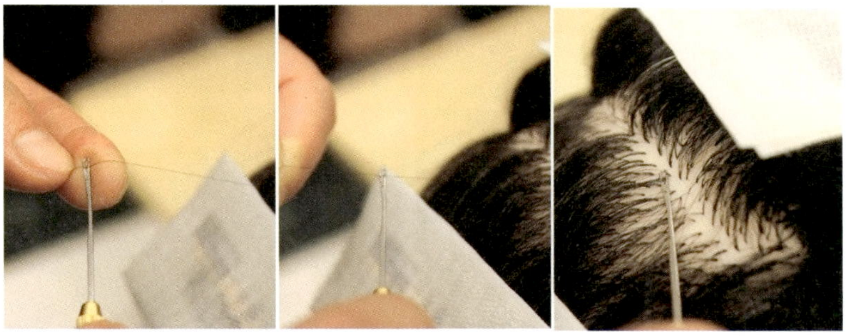

3. 스킬바늘을 모근으로 이동한 후 당겨준다.

## 평가표

| 학습 내용 | 학습 목표 | 학생평가 | | | 교수평가 | | |
|---|---|---|---|---|---|---|---|
| | | 상 | 중 | 하 | 상 | 중 | 하 |
| 네팅 및 증모 디자인 상담 | • 네팅&증모을 이해할 수 있는 있다 | | | | | | |
| | • 네팅&증모과정 작업할 수 있는 있다 | | | | | | |
| 네팅 및 증모 제작방법 | • 고객의 네팅&증모 모발과 두상에 연결할수 있는 있다 | | | | | | |
| | • 네팅&증모의 자연스러운 연결을 위해 고객 모발에 사전.사후 작업을 할수 있는 있다 | | | | | | |
| 네팅 및 증모 관리방법 | • 네팅&증모의 손질법과 사용법을 설명할 수 있다 | | | | | | |
| | • 네팅&증모의 보관 방법에 대해 설명할 수 있는 있다 | | | | | | |
| | • 네팅&증모의 건조 방법에 대해 설명할 수 있는 있다 | | | | | | |

## 서술형 시험

| 학습 내용 | 학습 목표 | 성취수준 | | |
|---|---|---|---|---|
| | | 상 | 중 | 하 |
| 네팅 및 증모 디자인 상담 | • 네팅&증모을 이해할 수 있는 능력 | | | |
| | • 네팅&증모과정 작업할 수 있는 능력 | | | |
| 네팅 및 증모 제작방법 | • 고객의 네팅&증모 모발과 두상에 연결할수 있는 능력 | | | |
| | • 네팅&증모의 자연스러운 연결을 위해 고객 모발에 사전·사후 작업을 할수 있는 능력 | | | |
| 네팅 및 증모 관리방법 | • 네팅&증모의 손질법과 사용법을 설명할 수 있는 능력 | | | |
| | • 네팅&증모의 보관 방법에 대해 설명할 수 있는 능력 | | | |
| | • 네팅&증모의 건조 방법에 대해 설명할 수 있는 능력 | | | |

| | |
|---|---|
| **과제1.** | 수제(네팅)기법으로 부분피스를 제작해 보자 |
| **과제2.** | 증모술 방법을 따라해 보자 |
| 날자 | |
| 주제 | |

<table>
<tr><td rowspan="2">증모 및<br>네팅 및<br>설명</td><td></td><td></td></tr>
<tr><td></td><td></td></tr>
<tr><td rowspan="4">시술과정<br>및<br>완성도</td><td></td><td></td></tr>
<tr><td></td><td></td></tr>
<tr><td></td><td></td></tr>
<tr><td></td><td></td></tr>
</table>

제 11 장

# 가모 디자인학3

| 학습 내용 | 학습 목표 |
| --- | --- |
| 커트방법 | • 커트 빗의 용도를 알고 블로킹, 섹션, 빗질 등을 할 수 있다. |
| | • 커트 빗을 잡는 방법을 알 수 있다. |
| | • 가위 잡는 방법을 알수 있다. |
| | • 가위를 수평, 수직 사선의 형태로 올바르게 잡고 커트 할 수 있다. |
| | • 레이저 잡는 방법을 알 수 있다. |
| | • 레이저 커트를 위해 모발의 수분 함량을 조절할 수 있다. |
| | • 모발에 들어가는 레이저 각도를 이해할 수 있다. |
| 퍼머넌트방법 | • 퍼머넨트 와인딩 방법을 알수 있다. |
| | • 퍼머넨트를 수평, 수직 사선의 형태로 올바르게 잡고 와인딩 할 수 있다. |
| 염색방법 | • 염색 및 터치방법, 방치시간의 올바르게 할 수 있다. |

# 01 가모 커트의 실제

## 1. 가모 CUT 방법

우리의 모발은 다양한 기능을 가지고 있다. 모발은 외부의 자극으로 인한 충격을 완화하여 뇌를 보호하며, 태양광선에서 오는 자극을 보호하는 신체 보호의 기능을 한다. 모발을 활용한 다양한 스타일을 통해 아름다움과 개성을 표현 할 수 있는 장식의 기능을 가지고 있다. 모발은 혈액순환에 의해 영양분으로 성장기 때문에 혈액 내에 있던 유해한 성분들이 모발을 통해 체외로 배출하는 배출기능을 한다. 모발은 효의 기능을 갖으며 직업, 지위, 계급, 신분, 혼인의 유무 확인을 갖는다. 인간의 모발은 다양한 기능과 10만개 이상의 생성과 탈모의 시기가 각각 다르다. 이와 같은 모발은 가모에게도 같은 기능을 갖는다고 할수 있다. 또한 모발은 정발을 하여도 이미 질감이 되어 있는 것과 같다. 같은 길이로 자랐다 하더라도 자라는 속도가 다르고 일주일 자라면 정발은 고르지가 않다. 따라서 모발은 자연스럽게 질감이 되어 있다고 할 수 있다. 이에 가모 커트는 이러한 모발의 자연스러운 스타일을 연출하여야 하고 모량을 줄여서 가볍게 하는데 커트의 목적이 있다.

## 2. Thinning의 실제

Thinning은 머리의 길이는 그대로 두고 머리의 양을 감소하는 방법이다. 가모 질감에서는 단순히 머리의 모량만을 감소시키는 것이 아니라 사람의 모발과 비슷하게 표현되어야 한다. 이에 모발의 겉부분을 정교하게 모아주듯이 다듬을 필요가 있다. 모발의 끝이 가늘어지는 테이퍼링과 같이 붓끝 모양으로 가늘게 만들어서 가모의 질감을 최대한 자연스럽게 연출할 수 있어야 된다. 이에 질감의 방법인 테이퍼링을 동반하여야 사람의 모발에 가깝게 연출할 수가 있다.

## 3. 가위 잡는 방법

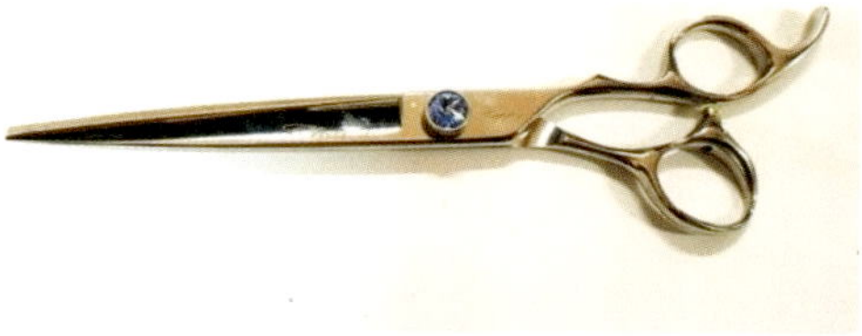

중가위

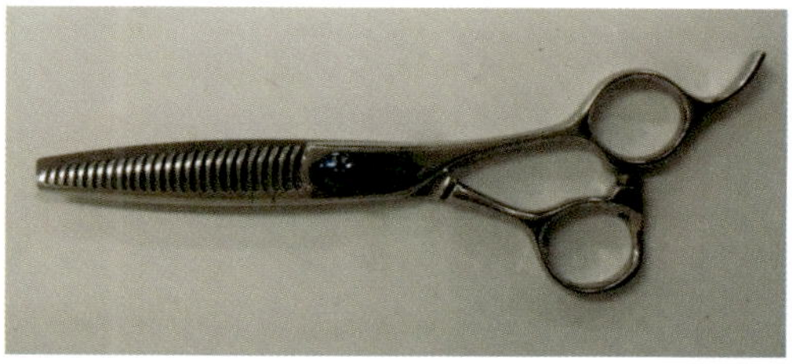

틴닝가위(대)

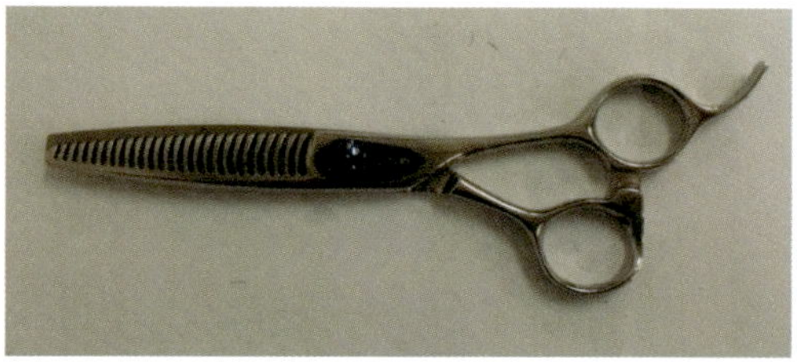

틴닝가위(중)

레저

### 1) 가위 잡는 방법

(1) 빗을 잡는 손으로 가위의 잠금 나사 부분이 자신을 바라보도록 잡는다.
(2) 오른손의 약지손가락을 끼운다.
(3) 약지의 두 번째 관절과 세 번쩨 관절 사이에 사선으로 가위를 놓는다.
(4) 손목을 밖을 향해 45도 로 비튼다.
(5) 유동날의 링은 엄지 손가락을 끼우고 너무 많이 들어가지 않도록 한다.
(6) 손등은 힘을 주고 엄지부분의 동작만으로 움직인다.
(7) 고정 날은 평행상태로 유지한다.
(8) 커트를 하지 않을 때에는 가위의 날을 닫은 뒤 엄지 환에서 엄지손가락을 빼고 가볍게  주먹을 쥐는 자세를 취한다.
(9) 가위의 개폐는 엄지손가락을 너무 깊이 넣으면 개폐가 어렵기 때문에 엄지 손톱의 3/1을 넘지 않게 한다.

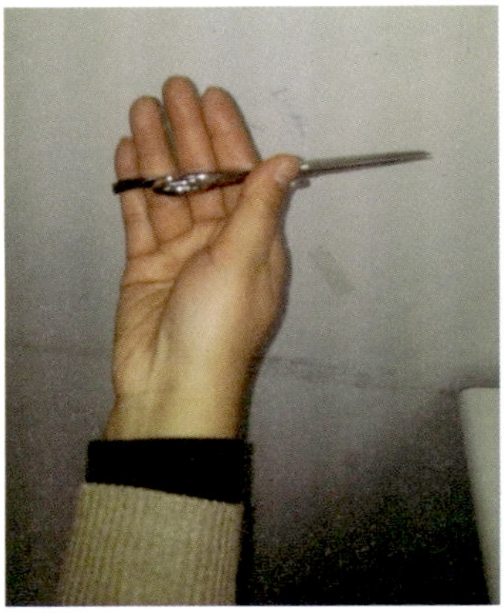

1

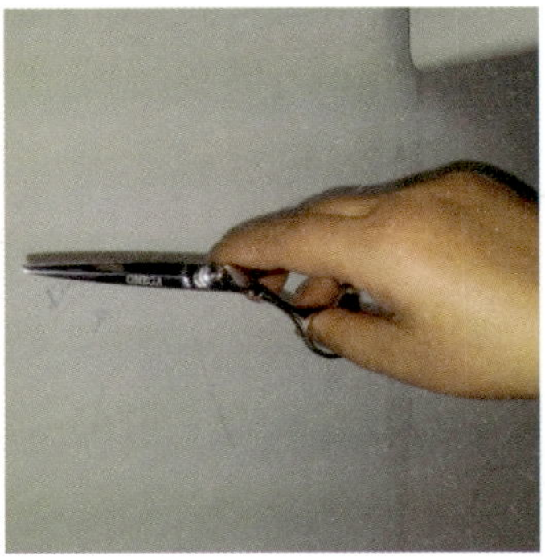

2

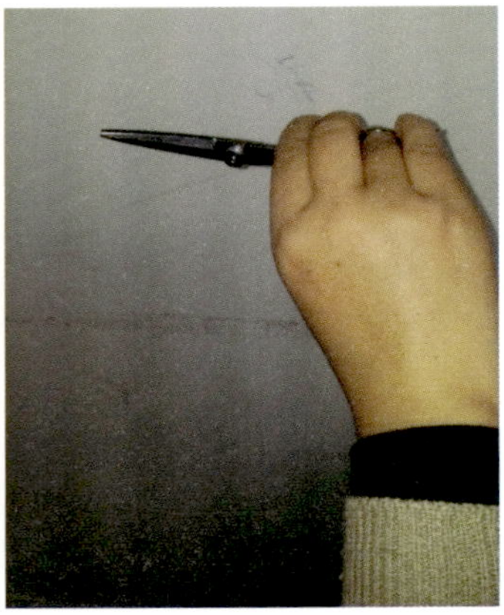

3

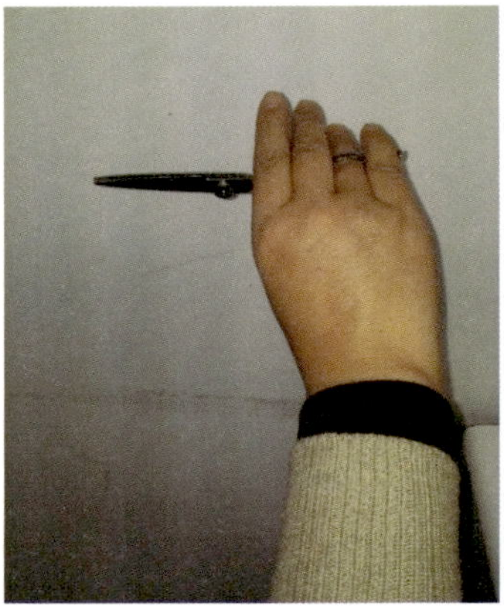

4

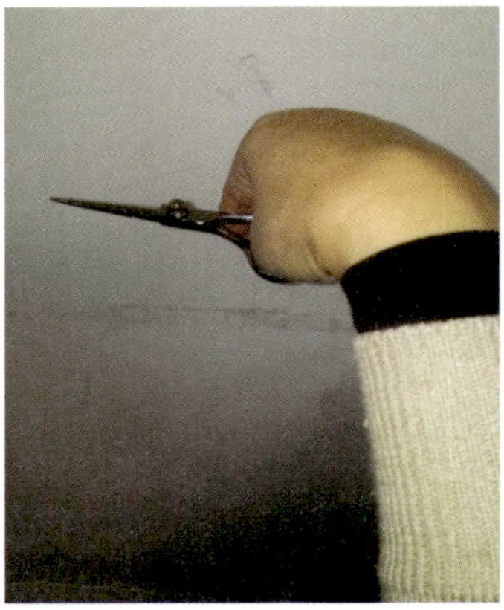

5

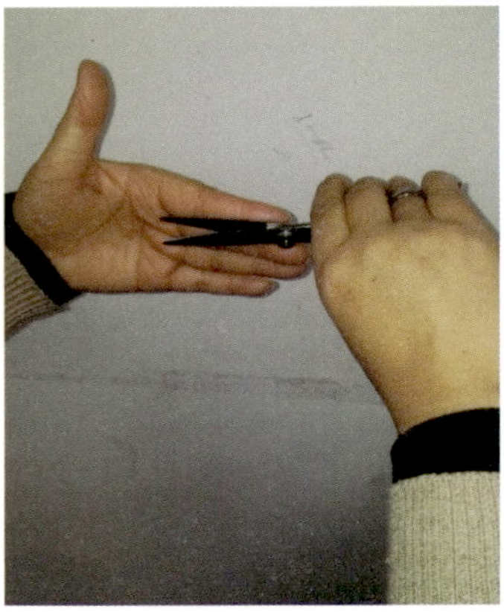

6

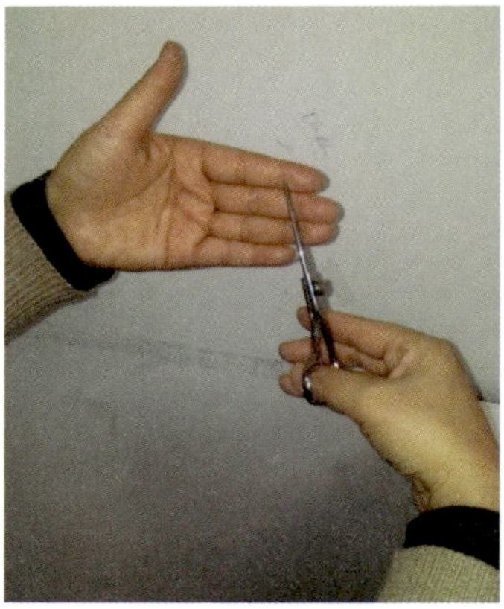

7

## 2) 자르는 방법

(1) 가위 개폐 연습 전에 손가락을 바르게 펴고 다른 손가락은 움직이지 않는 고정된 상태에서 엄지만 움직이는 연습을 반복한다.

(2) 반복적인 연습을 통해 가위질의 떨림을 방지 할 수 있으며, 엄지손가락 쪽의 근육을 발달 시켜 정확한 커트를 할 수 있다.

## 3) 레이저

사람의 모발로 된 인모나 인조모나 고열사로 된 패션가모(가발)는 사용방법에 따라서 다소 차이가 있다. 레이저는 젖은 모발에서 시술하는 것에 따라서 모발의 길이, 양, 흐름에 대한 시술이 가능하다. 과도하게 잘릴 위험성이 있고 모발의 표면이 손상되기 쉬우므로 주의하여야 한다.

### (1) 레이저 잡는 방법

안전 커버가 있는 스틱타입의 레자는 엄지와 검지사이에 레자를 잡고 중지와 약지로 받쳐서 잡아준다. 모발 끝에서 약간의 율동감을 만들때는 연필을 잡을 때와 같은 방법으로 잡는 펜슬 핸드법이 있다.

### (2) 패널 잡는 방법

모발을 검지와 중지 사이에 넣고 힘을 균등하게 분배한 후 손 끝은 모발을 강하게 잡고 원하는 가이드보다 1~2cm 정도 띄운다. 레자를 사선 45도로 잡고 손가락을 똑바로 펴서 잡음으로써 균등한 커트가 가능하다.

### (3) 모발에 들어가는 레이저의 각도

기본적으로 모발에 대한 레자의 각도는 15~30도가 이상적이다. 90도로 자를 경우는 모발이 잘리지 않고 모발을 긁어내는 역할을 하여 모표피가 손상이 된다.

## 4. 두상의 구조 및 각도

### 1) 두상의 포인트

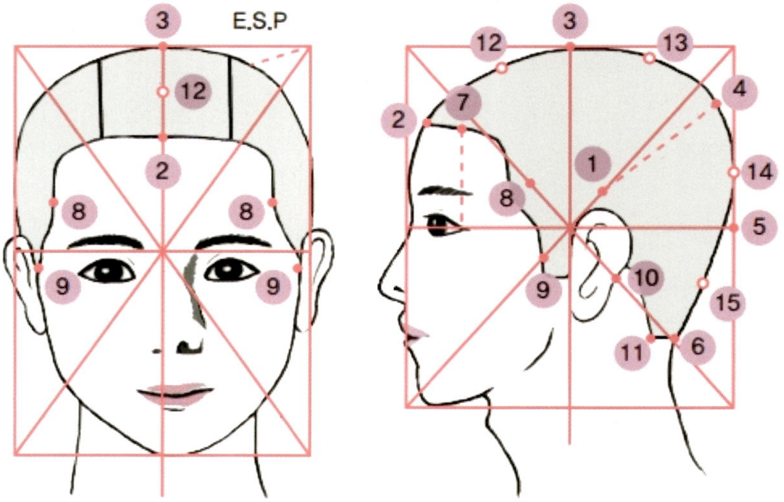


| 번호 | 기호 | 명칭 |
|---|---|---|
| 1 | E.P | 이어포인트(ear point) |
| 2 | C.P | 센터포인트(center point) |
| 3 | T.P | 탑 포인트(top point) |
| 4 | G.P | 골덴포인트(golden point) |
| 5 | B.P | 백 포인트(back point) |
| 6 | N.P | 네이프 포인트(nape point) |
| 7 | F.S.P | 프론트 사이드 포인트(front side point) |
| 8 | S.P | 사이드 포인트(side point) |
| 9 | S.C.P | 사이드 코너 포인트(side comer point) |
| 10 | E.B.P | 이어 백 포인트(ear back point) |
| 11 | N.S.P | 네이프 사이드 포인트(nape side point) |
| 12 | C.T.M.P | 센터 탑 미디움 포인트(center top medium point) |
| 13 | T.G.M.P | 탑 골덴 미디움 포인트(top golden medium point) |
| 14 | G.B.M.P | 골덴 백 미디움 포인트(golden back medium point) |
| 15 | B.N.M.P | 백 네이프 미디움 포인트(back nape medium point) |

## 2) 두상의 라인과 블로킹

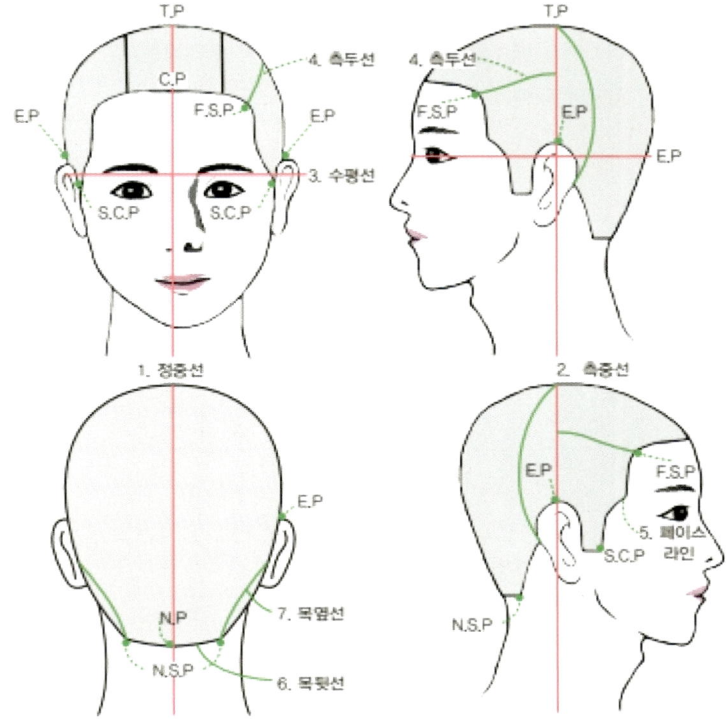


| 번호 | 기호 | 명칭 |
|---|---|---|
| 1 | 정중선 | C.P에서 T.P를 연결한 수직으로 두른 선 |
| 2 | 측중선 | E.P에서 T.P를 연결한 수직으로 두른 선 |
| 3 | 수평선 | E.P와 E.P를 연결한 수평으로 두른 선 |
| 4 | 측두선 | F.S.P에서 측중선까지 연결한 선 |
| 5 | 페이스 라인 | S.C.P에서 S.C.P를 연결해서 전면부를 연결한 선 |
| 6 | 목 뒷선 | N.S.P에서 N.S.P를 연결한 선 |
| 7 | 목 험선 | E.P에서 N.S.P를 연결한 선 |

### (1) 라인 분석

① 호리존탈 : 자연에 대해서 평행한 라인수평선

② A라인 다이애거널 포워드 : 얼굴에서 앞쪽으로 길어지는 대각선전대각

③ V라인 다이애거널 백 : 얼굴에서 뒤쪽으로 길어지는 대각선후대각

④ 버티컬 : 자연에 대해서 수직인 라인수직선

## 3) 각도

| 시술 각도의 종류 | | 특징 |
|---|---|---|
| 자연 시술 각도 | 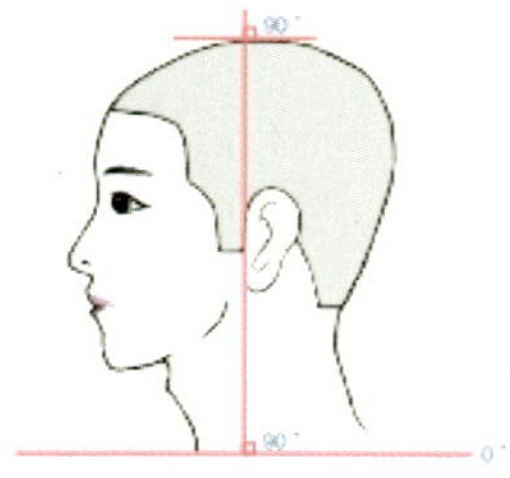 | • 중력에 의해 모발이 자연스럽게 떨어 지는 0"가 기준 각도<br>• 천축을 기준으로 한 각도<br>• 면에 의한 각도 |
| 두상 기술 각도 | 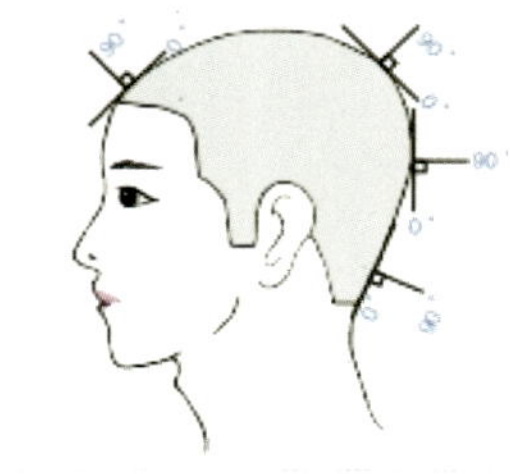 | • 모발을 두상에서 들어 올려 펼쳐 빗었을 때 나타나는 각도<br>• 베이스의 모발을 빗어 잡았을 때 두상의 둥근 접점을 기준으로 한 각도 |

## 5. 가모커트 실제

### 1) 가모커트 과정 및 방법

**※ 일반적인 가모커트 방법**

1. 5등분으로 U섹션으로 나눈다

2. SP~BP까지 얼굴형과 길이를 조절하여 30~45°에서 포인트 커트 또는 레저커트를 한다.

3. NP~BP까지 얼굴형과 길이를 조절하여 30~45°에서 포인트 커트 또는 레저커트를 한다.

4. BP~GP까지 얼굴형과 길이를 조절하여 30~65°에서 포인트 커트 또는 레저커트를 한다.

5. GP~TP까지 얼굴형과 길이를 조절하여 30~65°에서 포인트 커트 또는 레저커트를 한다.

6. TP~S.FP까지 얼굴형과 길이를 조절하여 30~65°에서 포인트 커트 또는 레저커트를 한다.

7. TP~FP까지 얼굴형과 길이를 조절하여 30~65°에서 포인트 커트 또는 레저커트를 한후 마무리 해준다.

※ 모발 길이와 모량에 따라 각도 조절을 해준다

※ 긴머리 가모커트 방법

1. 5등분으로 U섹션으로 나눈다

2. SP~BP까지 얼굴형과 길이를 조절하여 30~45°에서 포인트 커트 또는 레저커트를 한다.

3. NP~BP까지 얼굴형과 길이를 조절하여 30~45°에서 포인트 커트 또는 레저커트를 한다.

4. BP~GP까지 얼굴형과 길이를 조절하여 30~65°에서 포인트 커트 또는 레저커트를 한다.

5. GP~TP까지 얼굴형과 길이를 조절하여 30~65°에서 포인트 커트 또는 레저커트를 한다.

6. TP~FP까지 얼굴형과 길이를 조절하여 레저커트를 한후 마무리 해준다.

### 2) 가모커트 시 주의사항

- 가발을 자르기 전에 완성된 형을 기억하고 시작할 가이드라인 결정하고 작업에 임한다.
- 텐션을 너무 주어 머리 길이가 너무 짧아지지 않도록 한다
- 젖은 모발을 자를 때 에는 부분이 말라 완성 시 올라갈 것을 명심한다.
- 가발에 골고루 물을 뿌려 수분을 유지하고 모량을 너무 많이 잡지 않는다.
- 귀 부분을 자를 때 기장을 고려한다.
- 가발을 말린 상태에서 다시한번 마지막 체크한다.
- 홈케어 시 손질 방법이나 유지 방법을 알려준다.

# 02 가모 퍼머넌트의 실제

인모의 퍼머넌트 웨이브는 고객의 연령, 직업, 성격 및 유형에 따라 스타일이 달라지므로 잘 체크하고 다양한 모발에 주의한다.

펌 시술 시간은 15~20분을 유지하고 전문가의 세심한 관리가 필요하다.

컬 웨이브와 모량은 남성과 여성의 차이가 있다.

여성은 60%~120% 모량 중에서 80%의 모량을 가지고 가모 작업을 하였을 때 가장 자연스럽다.

남성 웨이브는 19mm~32mm 중에서 이미지 스타일에 따라 연출이 되어야 한다.

### 퍼머재료

롯드, 고무줄, 파지, 꽂이, 꼬리빗, 퍼머약

### 가모의 웨이브 이미지

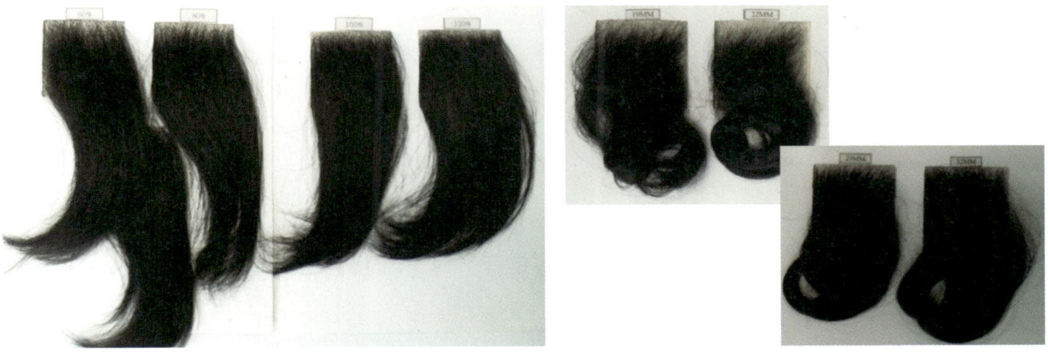

## 1. 퍼머넌트 와인딩 방법

1) 퍼머넌트 디자인을 결정한다.

2) 디자인에 맞는 패턴을 결정하고 와인딩을 실시한다.

3) 1제와 2제를 선택하고 와인딩이 끝나면 방치시간을 고려한다.

4) 시간이 지나면 로드 아웃 하여 세척하고 건조하여 마무리 한다.

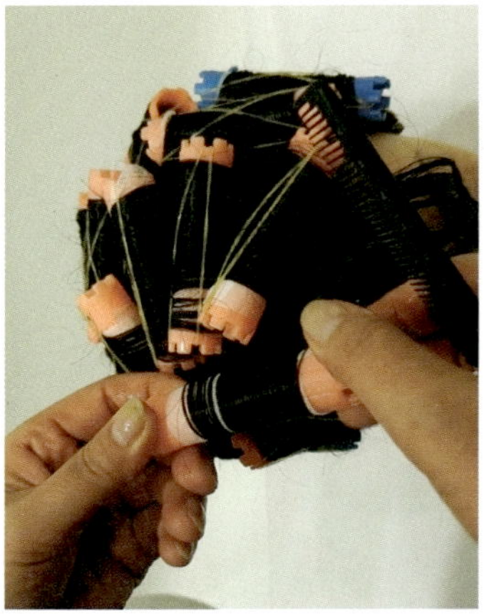

1

2

3

4

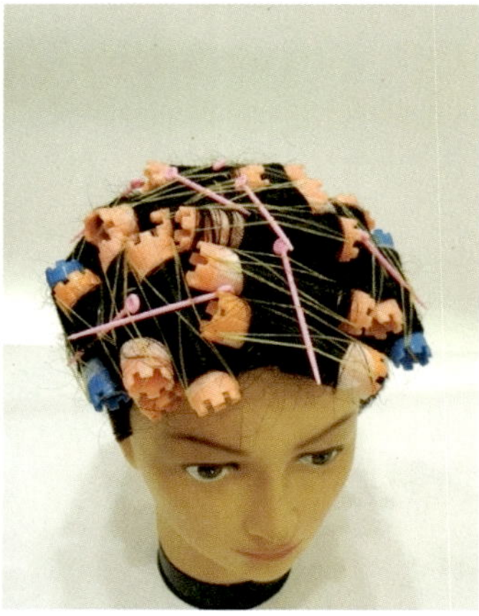

5

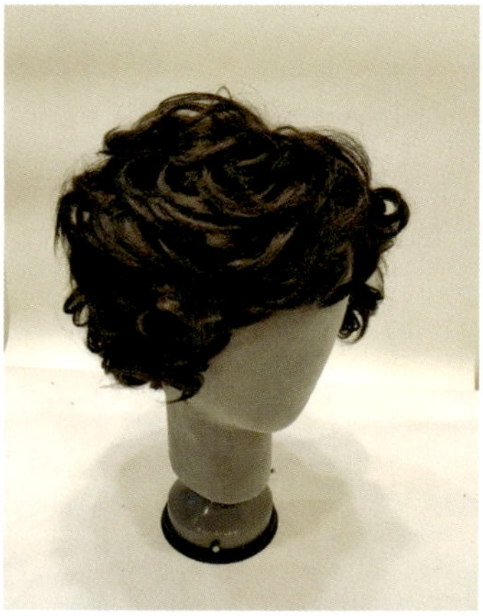

6

# 03 가모 염색의 실제

## 1. 인모와 인조모의 색상과 염색방법

(1) 세계 표준 색상은 인모(human hair)의 경우 J.Lcoloring 60개(남.여 공용)로 사용되고 있으나 최근에는 여성용으로 많은 사용 되고 있다. 또한 남성용 모발색상으로 붉은색이 제외된 잿빛 톤으로 개발된 10여종의 색상으로 사용되고 있다.

인조모(synthetic hair)의 경우 J.Lcoloring에 준하게 되어 있으나 인모와 합성섬유로 되어있는 인조모의 성질상 다소 색상의 차이는 있을 수 있다.

컬러의 다양한 색상은 각국에서 수입된 원 인모에 불순물이 묻어 있어 노폐물을 제거하기 위해 스켈링 과정을 거쳐 탈색된 모발의 사용도에 의한 색으로 재염색을 하게 된다.

염색료는 산성염료와 붕산 염료가 있는데 산성염료는 오랜 시간 뜨거운 물에 염색해야 하며, 붕산 염료는 일반온도(10~15℃)에서도 가능하고 경비와 시간이 절약되므로 많이 사용된다. 또한 스켈링이 잘못된 인모는 헤어피스 제작 후 사용시 엉킴이 심하며 빗질이 어렵다.

(2) 인조모의 색상은 메이커(생산자)가 자체 개발하고 있다.

여성용의 경우 36종(혼합60여종가능) 남성용10여종(혼합하면20여종)이 된다.

인조모는 만들 때 이미 고정 되어버린 색상이므로 재 염색이 불가능 하다.

붉은 색의 원사는 어두운 색으로 염색 할 수 있으나 공정과정이 어려워 생산공장에서만 할 수 있다.

(3) 염색과정

수입인모 – 노폐물제거 탈색 – 색 염색 – 건조 – 정모 – (필요한 길이에 알맞게) – 사용 합성수지 – 염색 염료 투입 – 고열 분사기 – 가늘 실 뽑기 – 급 냉 – 인조모 완성 – 사용

## 전체 컬러 챠트

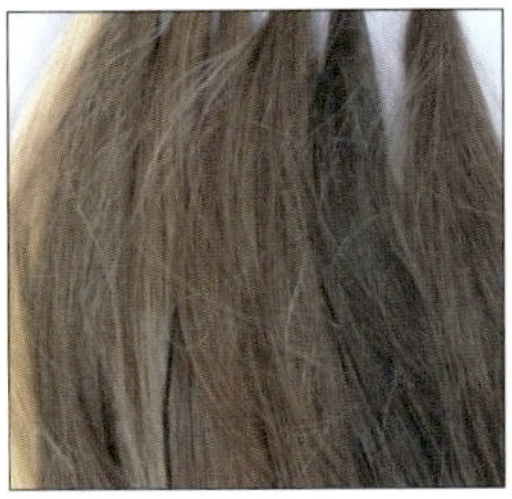

자연계열

보라 계열

화이트 + 회색계열

옐로우 + 자연계열

자연 갈색

어두운 갈색

어두운 밤색

블랙

전체 컬러 챠트

구리빛 오렌지

구리빛 브라운

밝은 황갈색

아주밝은 황금색

가모 컬러링 이미지 연출

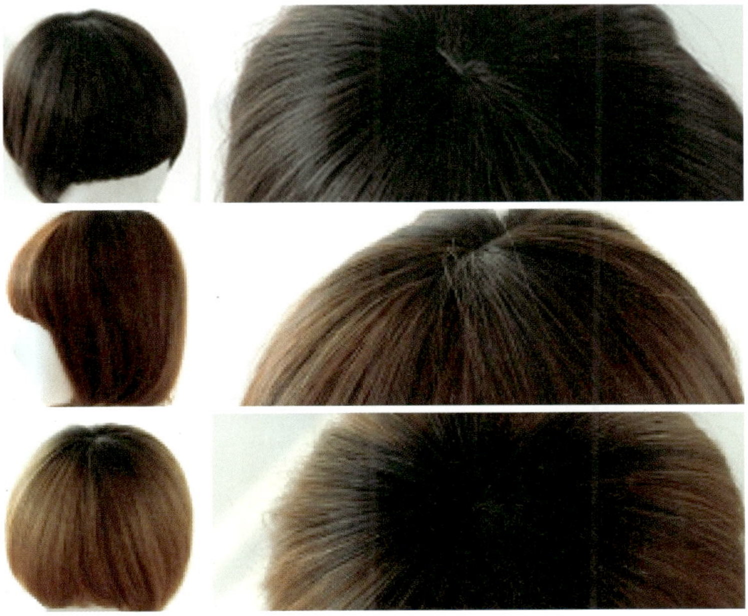

## 평가표

| 학습 내용 | 학습 목표 | 학생평가 | | | 교수평가 | | |
|---|---|---|---|---|---|---|---|
| | | 상 | 중 | 하 | 상 | 중 | 하 |
| 커트 빗 | • 커트 빗의 용도를 알고 블로킹, 섹션, 빗질 등을 할 수 있다. | | | | | | |
| | • 커트 빗을 잡는 방법을 알 수 있다. | | | | | | |
| 가위 | • 가위 잡는 방법을 알수 있다. | | | | | | |
| | • 가위를 수평, 수직 사선의 형태로 올바르게 잡고 커트 할 수 있다. | | | | | | |
| 레이저 | • 레이저 잡는 방법을 알 수 있다. | | | | | | |
| | • 러이저 커트를 위해 모발의 수분 함량을 조절할 수 있다. | | | | | | |
| | • 모발에 들어가는 레어저 각도를 이해할 수 있다. | | | | | | |
| 퍼머넨트 | • 퍼머 와인딩 방법을 알수 있다. | | | | | | |
| | • 퍼머를 수평, 수직 사선의 형태로 올바르게 잡고 와인딩 할 수 있다. | | | | | | |
| 염색 | • 염색 방법을 알수 있다. | | | | | | |
| | • 염색를 터치방법, 방치시간의 올바르게 할 수 있다. | | | | | | |

## 서술형 시험

| 학습 내용 | 학습 목표 | 성취수준 | | |
|---|---|---|---|---|
| | | 상 | 중 | 하 |
| 커트 빗 | • 커트 빗의 용도를 알고 블로킹, 섹션, 빗질에 대한 이해와 지식 | | | |
| | • 커트 빗을 잡는 방법에 대한 이해와 지식 | | | |
| 가위 | • 가위 잡는 방법에 대한 이해와 지식 | | | |
| | • 가위를 수평, 수직 사선의 형태로 올바르게 잡고 커트할 수 있는 이해와 지식 | | | |
| 레이저 | • 레이저 잡는 방법에 대한 이해와 지식 | | | |
| | • 러이저 커트를 위해 모발의 수분 함량을 조절하는 것에 대한 이해와 지식 | | | |
| | • 모발에 들어가는 레어저 각도에 대한 이해와 지식 | | | |
| 퍼머넨트 | • 퍼머 와인딩 방법에 대한 이해와 지식 | | | |
| | • 퍼머를 수평, 수직 사선의 형태로 올바르게 와인딩하는 이해와 지식 | | | |
| 염색 | • 염색 방법에 대한 이해와 지식 | | | |
| | • 염색를 터치방법, 방치시간에 대한 이해와 지식 | | | |

| 과제1. | 패션가모커트를 설명하고 따라 해 보자 |
| --- | --- |
| 날자 | |
| 주제 | |
| 설명 | |

가모 디자인학3

<table>
<tr><td>시술과정</td><td></td><td></td></tr>
<tr><td rowspan="4">완성도<br>사진부착</td><td></td><td></td></tr>
<tr><td>앞</td><td>뒤</td></tr>
<tr><td></td><td></td></tr>
<tr><td>좌</td><td>우</td></tr>
</table>

제12장

12

# 가모 헤어 스타일링 연출법

| 학습 내용 | 학습 목표 |
| --- | --- |
| 가발헤어스타일 디자인과 상담 | • 얼굴형을 파악하여 가발 디자인을 상담할 수 있다 |
| 가발스타일 연출 | • 가발을 고객의 모발과 두상에 탈·부착할수 있다 |
|  | • 가발의 자연스러운 연결을 위해 고객 모발에 사전.사후 작업을 할수 있다 |
| 가발 헤어스타일 관리방법 | • 가발의 손질법과 사용법을 설명할 수 있다 |
|  | • 가발의 건조 방법과 보관방법에 대하여 설명할수 있다 |

# 01 얼굴 형태에 따른 헤어스타일

얼굴 형태에 따른 헤어스타일은 고객의 모습과 특징을 섬세하게 관찰하고 헤어 디자인에 적절한 길이와 볼륨 양, 위치를 결정해야한다. 얼굴형을 파악 할 때는 얼굴의 전체적 굴곡 뿐 만 아니라 얼굴의 길이와 넓이 포함한다. 이상적인 타원형의 얼굴형으로 착시를 주기 위해 강조와 축소를 적절히 활용하여 헤어스타일을 구성하고 고객의 개인적인 스타일과 유행에 대한 감각을 참고하여 디자인을 해야 한다.

## 1. 둥근 얼굴

둥근 얼굴 형태는 프린지나 크라운부분에 높이를 더해주어 보완해주고, 목의 길이가 적당한 경우에는 턱선 아래쪽에 넓이를 더해주면 좋다. 비대칭 디자인도 둥그런 느낌을 감소시켜준다. 가르마는 5 : 5나 6 : 4 가르마가 효과적이다.

원랭스 스타일 부적합

비대칭 스타일 부적합

웨이브 스타일 적합

부적합 스타일

적합

적합

## 2. 장방향 얼굴

긴 얼굴 형태는 디자인의 중간 부분에 넓이를 강조하여 시각적으로 변화를 주고 탑 부분이 좁고 돌출된 경우에는 높이를 더하지 않고 부피감을 주면 된다. 7 : 3 가르마가 어울린다.

부적합 스타일

적합

적합

부적합 스타일

적합

적합

## 3. 역삼각형 얼굴

얼굴형이 작아 보이기는 하지만 날카로운 인상을 줄 수 있는 얼굴형으로 턱 부분이 넓게 보이는 헤어스타일을 연출하여 날카롭게 보이는 인상을 커버 해주는 것이 좋다. 가르마 방법은 2 : 8이나 9 : 1을 한 후 볼륨을 높게 하는것이 효과적이다.

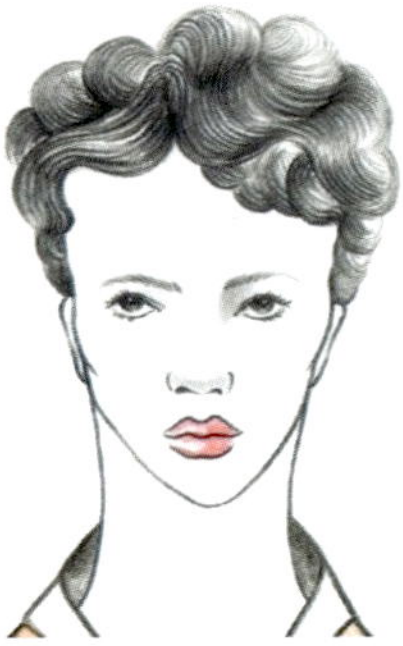

부적합 스타일

적합

적합

## 4. 정사각형 얼굴

정사각형 얼굴 형태는 높이를 더해주면 전체적인 모양이 길어 보이는 동시에 부드러운 곡선 모양은 사각형 얼굴의 각진 모습을 감소시킨다. 가르마는 2 : 8이나 지그재그형 또는 C형 가르마가 효과적이다.

부적합 스타일

적합

적합

부적합 스타일

적합

적합

## 5. 계란형 얼굴

계란형은 원만한 얼굴형으로 어떤 스타일이든지 소화해 낼 수 있고 얼굴의 윤곽과 비율은 기본형이 된다. 이마의 폭이 턱보다 1.5배 정도 넓기 때문에 평범하고 개성 없는 스타일을 피하는 것이 좋으며 대담하고 개성있는 스타일이 젊고 발랄해 보인다.

부적합 스타일

적합

적합

# 02 가모 헤어스타일링 연출방법

클립방식과 테이프 부착식이 있으므로 개인의 선호도에 따라 선택해야 한다.

탈착에 있어 불편함이 없어야 하며 가모 스타일링은 자유롭게 연출할수 있어야 한다.

## 1. 전체가모 망 쓰는 방법

1. 가발, 망, 꼬리 빗을 준비한다.

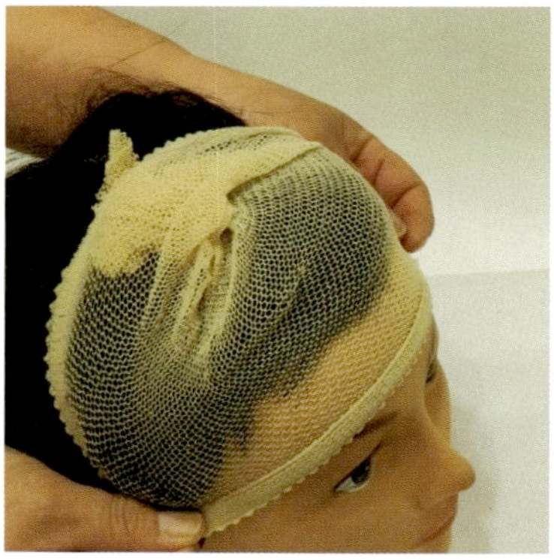

2. 망을 크기를 맞춘다.

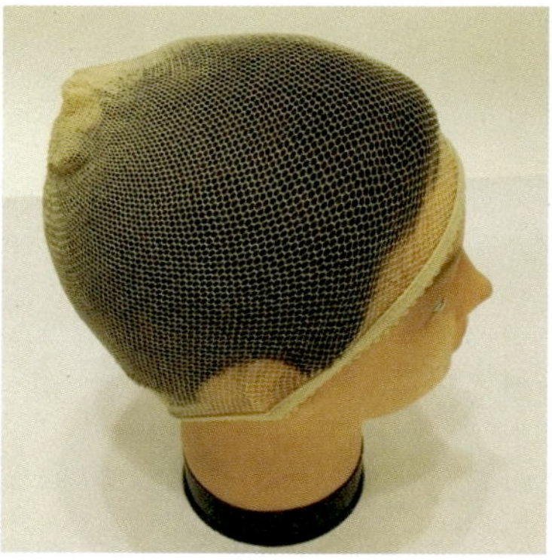

3. 망을 전체 씌운다.

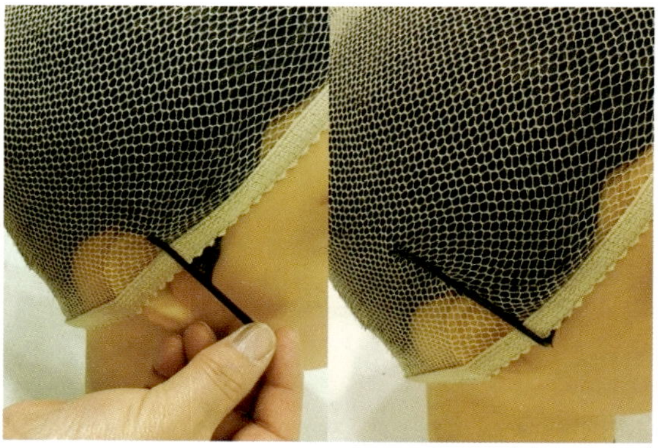

4. 귀 옆에서 핀으로 고정한다.

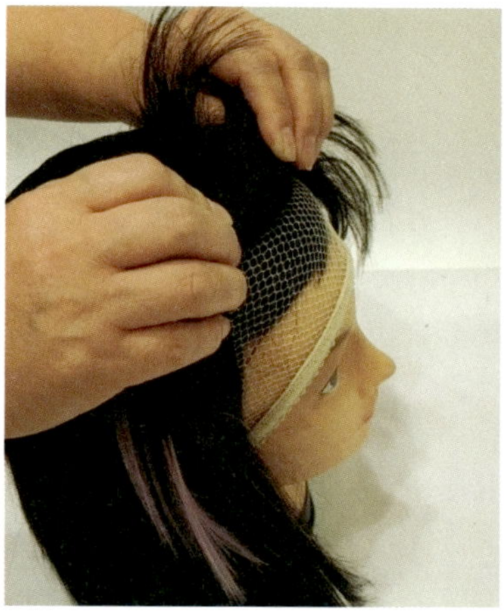

5. 망위에 가발을 씌워준다.

6. 가발 씌운 상태 완성

## 2. 패션가모 아이론 사용방법

1. 아이론, 꼬리빗, 고열사가모를 준비한다

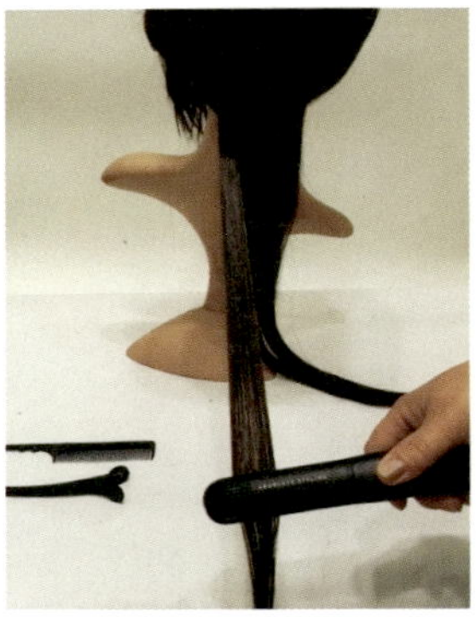

2. 아이론 온도는 가모에 따라 60~160도 로 조절한다.

3. 처음에는 저온상태에서 펴준 후 아이론을 회전한다.

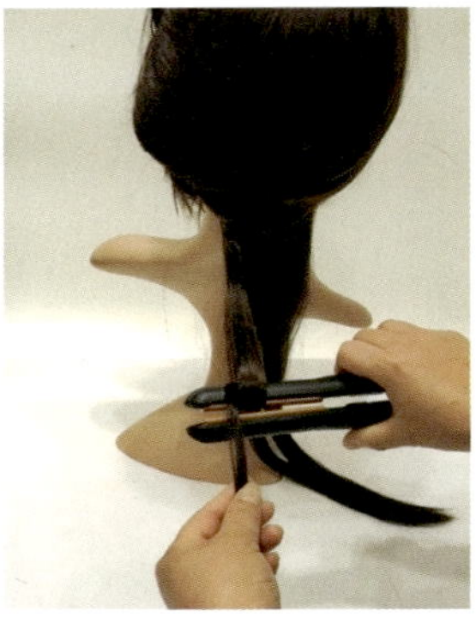

4. 저온 상태에서 2바퀴 회전한다.

5. 저온 상태에서 3번바퀴 회전한다.

6. 패션가모의 컬은 열이 식은 상태에서 완성된다.

## 3. 남성가모 연출방법

유전적인 탈모 착용전

전두용 가모 착용 후

유전에 의한 탈모진행으로 30대부터 착용하였으며, 현재 가발사업가로 변신 한 모습

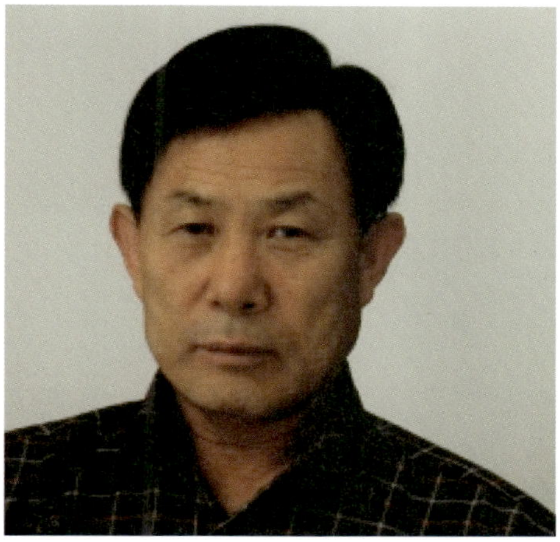

스트레스에 의한 탈모 착용전

착용후

탈부착 테잎식과 클립부착 겸용으로 사용하여 변신한 모습

## 4. 남성가모 스타일링 방법

1. 철브러쉬로 디자인을 잡아준다

2. 롤 브러쉬로 볼륨을 준다

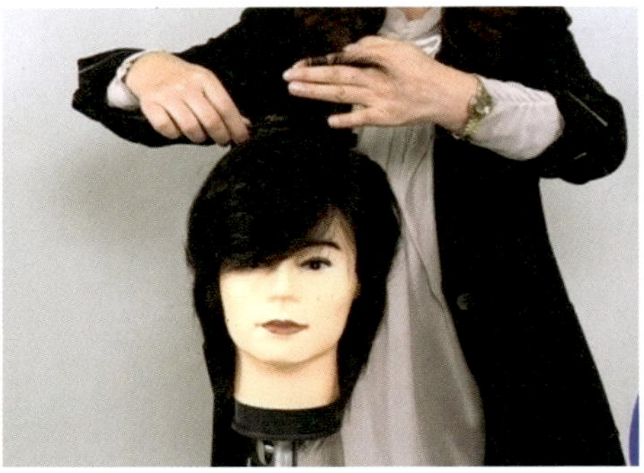

3. 두상의 T.P 각도는 90도로 해준다

4. 앞머리 부분 각도는 45도로 자연스럽게 연출한다

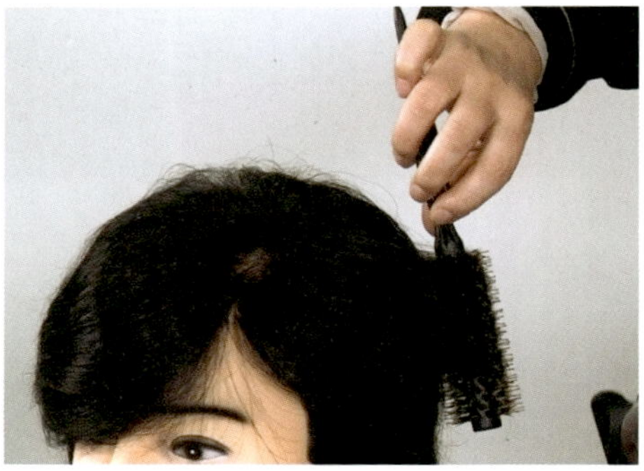

5. 양사이드 부분은 자연스럽게 연결해준다

6. 양 사이드 부분과 뒤부분을 연결해준다

7. 엣센스로 마무리 해준다

8. 스타일링 완성



## 5. 여성가모 연출방법

가모 착용 전

합성 파마 가모 착용한 모습

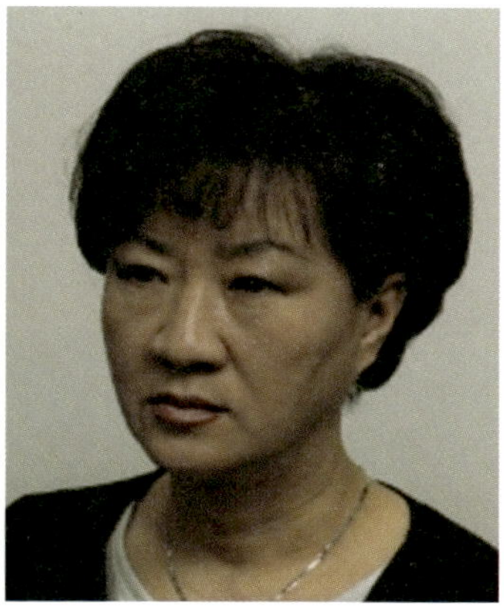

인모 가모 착용한 모습

## 6. 패션가모 연출방법

### 1) 부분가모

부분가모는 신체 일부분의 결함을 감추어주며 흰머리 커버용으로 스트레스해소와 대인관계를 하는데 있어 자신감을 심어주는 중요한 역할을 함으로 액세서리처럼 편하게 표현되어야 한다. 포니테일 스타일에 사용되는 부분가모도 있다.

포니테일 착용전

포니테일 착용후

### 2) 전체가모

#### (1) 전체가모 쓰는 과정

1. 양손으로 hair net을 잡고 완전히 목둘레에 걸치도록 한다.
2. hair net을 위쪽으로 이동시켜서 앞이마의 헤어라인에 맞도록 고정 시킨다.
3. 뒷부분의 머리를 골고루 퍼지게 넣고 hair net의 남은 부분을 잡고 이마 쪽으로 끌어 당긴다.
4. 전체적으로 hair net의 여분이 없도록 손질하여 hair net이 움직이지 않도록 헤어핀으로 고정시킨다. 이때 두상이 납작한 사람은 hair net 사이로 꼬리빗을 사용하여 볼륨 있는 두상 형태로 만들어 준다.
5. 가모의 귀 부분을 잡고 앞부분에 이마 헤어라인에 맞도록 고정 시킨다.
6. 착용 시 약간 고개를 숙여서 앞이마부터 네이프 방향으로 착용하면 혼자서도 쉽게 착용 할수 있다.

   가발은 크기를 조절 할 수 있는 고리형 헤어밴드가 부착 되어 있어 누구든지 간편하고 신속하게 착용 할 수 있다.

## 전체가모 쓰는방법

망을 머리위에 쓴다.

망을 쓴후 잔머리가 나오지않도록 한다.

머리카락을 망속에 모두 넣는다.

망을 묶는다.

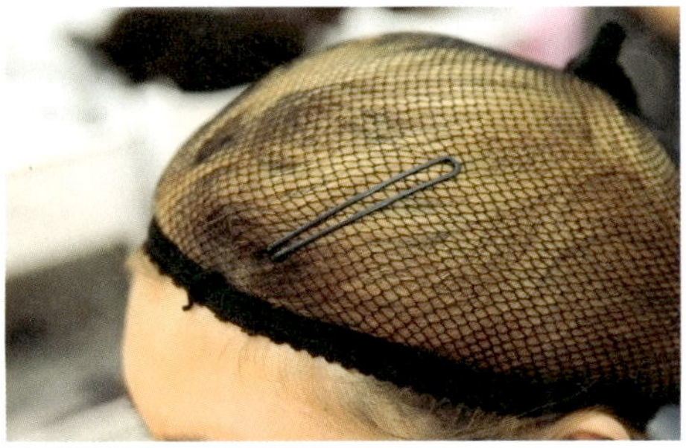

망을 묶은후 핀으로 고정한다.

가모를 착용한다.

### (2) 손가락과 도구을 응용한 전체가모 스타일링 방법

1. 아이론으로 펴준다

2. 손가락을 가모에 준비한다

3. 손가락에 가모를 한바퀴 회전한다

4. 손가락에 가모를 세바퀴 회전한다

5. 손가락에서 가모를 풀어준다

6. 손가락을 이용한 컬 완성

7. 손가락을 이용하여 강한 컬 완성

8. 손가락을 이용하여 자연스런 컬을 완성

9. 손가락을 이용하여 보통 컬을 완성

10. 손가락을 이용하여 아주강한 컬을 완성

## 전체가모 이미지 연출

웨이브 착용전 /착용후

롱헤어 착용전 / 착용후

미디움 착용전/ 착용후

숏커 착용전/ 착용후

여러 가지 피스가발들

## 가모 헤어스타일링 이미지 연출

착용전

착용후
(참고문헌 : www.pinkage.co.kr)

착용전

착용후

착용전

착용후

착용전 착용후

착용전 착용후

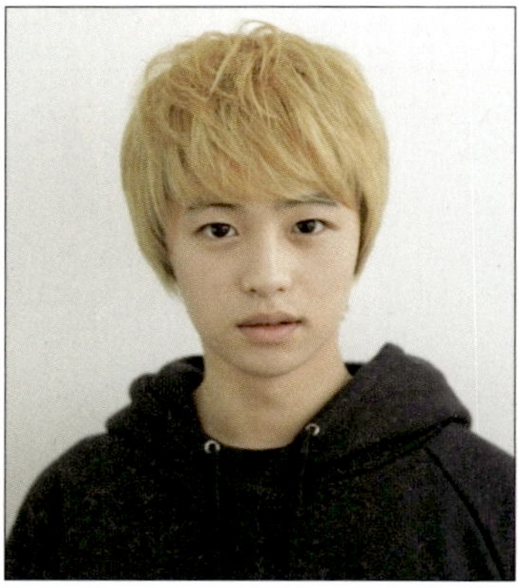

착용전 착용후

착용전 착용후

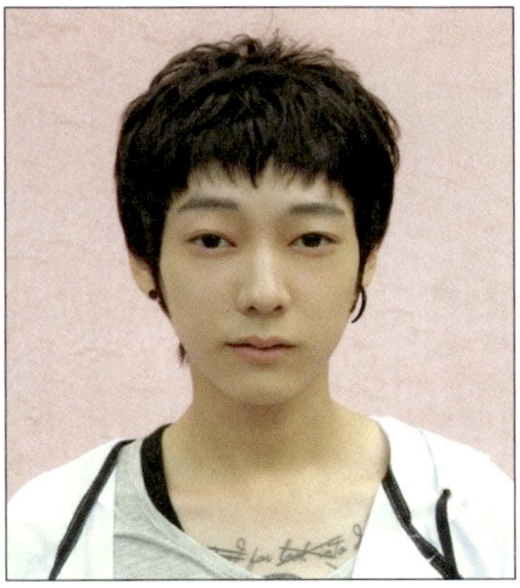

착용전 착용후

착용전 착용후

### 3) 프린지 가모

앞머리는 다른 원사에 비해 윤기가 적고 실제 모발로 만들어지므로 본인의 앞머리와 잘 어울려야 한다. 보통 인모 100%로 사용되기 때문에 처음 사용시 드라이나 매직아이론으로 볼륨을 한번 잡고 사용한다.

염색, 펌, 매직등 사용이 가능하고 실용적이며 착용 시 본인 앞머리를 약간 넘겨주고 앞머리 가모를 착용한 후 본인 앞머리를 내려 경계부분을 잘 가려서 연출한다. 현대에 맞는 동안 페이스 연출에 적당하다.

동안 얼굴에 잘 맞는 프린지 가모 연출법

## 평가표

| 학습 내용 | 학습 목표 | 학생평가 | | | 교수평가 | | |
|---|---|---|---|---|---|---|---|
| | | 상 | 중 | 하 | 상 | 중 | 하 |
| 가발헤어스타일 디자인과 상담 | • 얼굴형을 파악할수 있다 | | | | | | |
| | • 가발의 디자인을 상담할 수 있다 | | | | | | |
| 가발스타일 연출 | • 가발을 고객의 모발과 두상에 탈·부착할수 있다 | | | | | | |
| | • 가발의 자연스러운 연결을 위해 고객 모발에 사전·사후 작업을 할수 있다 | | | | | | |
| 가발 헤어스타일 관리방법 | • 고객에게 가발의 손질법과 사용법을 설명할 수 있다 | | | | | | |
| | • 가발의 보관방법에 대하여 설명할수 있다 | | | | | | |
| | • 가발의 건조 방법에 대하여 설명할 수 있다 | | | | | | |

## 서술형 시험

| 학습 내용 | 학습 목표 | 성취수준 | | |
|---|---|---|---|---|
| | | 상 | 중 | 하 |
| 가발헤어스타일 디자인과 상담 | • 얼굴형에 대해 설명할 수 있는 능력 | | | |
| | • 가발의 디자인을 상담할 수 있는 능력 | | | |
| 가발스타일 연출 | • 가발을 고객의 모발과 두상에 탈·부착할수 있는 능력 | | | |
| | • 가발의 자연스러운 연결을 위해 고객 모발에 사전.사후 작업을 할수 있는 능력 | | | |
| 가발 헤어스타일 관리방법 | • 가발의 손질법과 사용법을 설명할 수 있는 능력 | | | |
| | • 가발 보관 방법에 대해 설명할 수 있는 능력 | | | |
| | • 가발 건조 방법에 대해 설명할 수 있는 능력 | | | |

**과제1.** 20대에게 어울리는 패션가모 스타일링을 따라해 보자

**과제1.** 50대에게 어울리는 남성가모 스타일링을 연출해 보자

날자

주제

| | | |
|---|---|---|
| 시술과정<br>및<br>설명 | | |
| 시술과정<br>사진부착 | | |
| | 앞 | 뒤 |
| | | |
| | 좌 | 우 |

# 부록

가모관리사(1급) 예상문제지

가모관리사(2급) 예상문제지

## 가모관리사(1급) 예상문제지

**01.** 가모의 개념에 대한 설명이다. 다른 것은?

① 남의 머리털로 다양한 머리모양을 만들어서 사용하는 것
② 현재 남녀 모두 사용하는 부분가발과 패션가발, 통가발이 있다.
③ 한국에서 사용되었던 가체는 아니다.
④ 가발은 개인의 특성에 맞게 만드는 맞춤가발이 있다

**02.** 인모에 대한 설명이다 다른 것은?

① 퍼슨의 인모는 엉키고 빠지는 단점을 보완하였다.
② 인모는 머리카락이 생모와 같이 윤기가 난다.
③ 인모는 자연스럽다
④ 인모의 종류는 다양하게 사용할 수 없다

**03.** 가모 원사종류이다. 아닌 것은?

① 인도모 ② 중국모 ③ 고열사 ④ 헤어피스

**04.** 인조모에 대한 설명으로 다른 것은?

① 인조모는 화학섬유로 만들었으며 머리카락과 흡사하다
② 자외선에 노출되어 수명이 짧고 끝이 갈라지는 현상이 발생한다
③ 인조모는 염색을 할 수 있다
④ 인조모는 비용이 인모에 비해 저렴하다

**05.** 가모관리 시장의 현황과 전망에 따른 변화이다. 아닌 것은?

① 미용시장의 변화 ② 온라인 오프라인의 변화
③ 두피시장의 변화 ④ 대중시장의 변화

**06.** 가모관리사는 많은 역할을 한다. 다른 것은?

① 서비스인으로서의 역할
② 전문가로서의 역할
③ 두피관리사로서의 역할
④ 상담자로서의 역할

**07.** 가모관리사에 대한 설명이다. 아닌 것은?

① 이론과 기술을 겸비한 가모전문인
② 두피탈모의 문제점을 보완할 수 없다
③ 가모상담하고 관리하는 사람
④ 가모 보수등을 관리하고 제조하는 사람

**08.** 가모관리사의 필요성과 목적에 대한 설명으로 다른 것은?

① 뷰티산업 분야가 요구하는 전문 인력들이 배출되고 가모시장이 활발해지고 있다.
② 가모는 뷰티 산업에 많은 기여를 하고 않는다.
③ 가모시장이 이슈화되고 발전되고 있는 양상으로 가모는 두피탈모의 마지막 해결책이다
④ 가모산업이 전개됨에 따라 전문 인력이 많이 요구되고 있다.

**09.** 가모시장의 현황과 미래전망이다. 아닌 것은?

① 가모를 선택하는 소비자들이 늘어남에 따라 소재개발과 디자인이 다양화되고 있다.
② 가모는 사회적 인식 때문에 착용하지 않는다
③ 1960년대 세계시장의 90~95%을 점유했다.
④ 1980년대 노사분규와 더불어 임금상승 등으로 가모시장은 사양산업이다.

**10.** 오프라인 온라인에 대한 설명이 아닌 것은?

① 가모시장의 점유율이 급속도로 증가하는 추세
② 20세의 가모 인구 증가
③ 가모시장의 점유율이 감소하는 추세
④ 패션가모를 선호하고 있는 추세

**11.** 가모의 종류가 아닌 것은?

① 붙임머리 ② 인조모 ③ 인모 ④ 고열사

**12.** 인모와 인조모의 차이점이 잘못 연결된 것은?

① 인모는 감촉이 부드럽고 열에 강하다
② 인조모는 열에 약하고 고온에서 드라이어를 할 수 없다
③ 인조모는 염색하기 어렵다.
④ 인모는 원하는 색상이나 웨이브등을 조절 할 수 없다

**13.** 가모 착탈식 클립형에 대한 설명이다. 다른 것은?

① 장년층과 땀이 많은 사람에게 적합하다
② 벗겨질 우려가 없다
③ 본인이 원할 때 언제든지 탈착이 가능하다
④ 금속 알레르기 있는 사람은 주의해야 한다

**14.** 두개골의 역할이다 다른 것은?

① 23개의 뼈로 구성되어 있다.
② 외피, 두 개피, 두 개피하조직의 3층으로 구성되어있다.
③ 두개골막은 외계로부터 뇌를 보호하는 기관이다.
④ 두 개 외피는 표피와 진피로 구성되어 있지 않다.

**15.** 두개골의 종류에 속하지 않는 것은?

① 전두골　② 접형골　③ 봉합　④ 사골

**16.** 두피신경과 스트레스에 대한 설명으로 다른 것은?

① 두피신경은 이마, 뺨, 턱과 두개골이 있는 작은 구멍을 통해서 뇌신경부터 제공된다

② 스트레스에 의한 반응은 자율신경이 균형을 잃고 혈관에 영향을 준다.

③ 아드레날린은 성적욕구와 배고픔이 없으며 뇌를 예민하게 한다

④ 장기간의 스트레스는 피로, 두통, 불감증, 탈모증세가 나타난다.

**17.** 진피에 대한 설명이다. 다른 것은?

① 피부에 90%차지

② 유두층과 망상층으로 되어있다

③ 유두층은 기저층에 영양공급

④ 망상층은 모세혈관 망들이 집중되어있다.

**18.** 모발의 기능에 대한 설명으로 틀린 것은?

① 두부의 보호　② 불필요물의 배설

③ 장식의 기능　④ 흡수기능

**19.** 모발에 대한 설명이다. 다른 것은?

① 모발의 수량 약10~15만개

② 모발의 수량은 인종과 개인의 따라 다르다

③ 모발의 수명은 남자는 3~5년, 여자는 4~6년이다

④ 모발의 수명은 여자는 3~5년 남자는 3~5년이다

부록

**20.** 모발의 성장주기에 대한 설명이다. 연결이 잘못된 것은?

① 성장기- 약 85~90%이고 성장하는 단계
② 퇴화기- 모발의 형태를 유지하면서 모모세포 분열이 저조하다
③ 휴지기-약 10~15%이며 3~4개월이다
④ 휴지기- 모낭과 모유두가 완전히 분리되어 성장이 지속된다.

**21.** 모발의 주성분에 대한 설명이다. 연결이 잘못된 것은?

① 단백질 -80~90%
② 멜라닌 색소- 20%
③ 지질- 1~9%
④ 수분 - 11~13%

**22.** 모발의 결합에 대한 설명이다. 가모 헤어스타일링시 사용되는 결합은?

① 수소결합
② 펩타이드결합
③ 시스틴결합
④ 염결합

**23.** 모발과 열에 대한 설명이다. 가모 헤어스타일링시 사용되는 열의 온도는?

① 120~140
② 160~180
③ 180~200
④ 200~220

**24.** 모발의 굵기에 따른 분류이다 다른 것은?

① 취모 ② 연모 ③ 직모 ④ 경모

**25.** 탈모진행형 두피에 대한 원인이 아닌 것은?

① 호르몬 발란스 이상
② 빈혈, 천식, 관절염 이상
③ 노화, 내장기관 이상
④ 스트레스, 혈액순환 장애

**26.** 여성탈모의 특징이 아닌 것은?

① 정수리 부분부터 모발이 약해지기 시작한다
② 다른체모 턱수염,가슴털, 팔다리털 등이 많아진다
③ 일반적으로 25~30세부터 나타나기 시작한다
④ 앞머리가 둥글게 연모화된다

**27.** 두피의 구성에 대한 설명이다. 맞는 것은?

① 표피는 가장 바깥 내부조직을 보호해 주는 기능을 한다.
② 진피는 표피의 아래쪽에 있으며 세 개의 층으로 되어있다.
③ 피하조직은 표피의 아래쪽에 있다.
④ 피하조직은 외부충격에 약하다

**28.** 표피층에 대한 설명이다. 다른 것은?

① 표피는 각질층, 투명층, 과립층, 유극층, 기저층으로 되어있다.
② 기저층은 멜라닌색소와 색소형성세포가 없다
③ 유극층은 세포간교가 있어 인접세포들을 서로 연결된다.
④ 투명층은 얇고 투명한 층으로 되어있다.

부록

**29.** 좋은 가모의 조건에 대한 설명으로 다른 것은?

① 통풍이 잘되며 땀 흡수가 잘된다
② 착용감이 가볍고 편안하여야 한다
③ 장시간 착용하여도 두피에 염증이나 트러블이 없어야 한다
④ 반듯이 헤어드라이어를 사용해야 한다

**30.** 스킨몰드 제작 과정에 대한 순서가 맞는 것은?

① 두상스케치 – 이마위치 선정 – 패턴지 씌운다 – 테이프작업

② 두상스케치 – 패턴지씌운다 – 이마위치선정 – 테이프작업
③ 두상스케치 – 이마위치 선정 – 좌우 포인트그려준다 – 가르마선 결정 – 테이프작업
④ 두상스케치 – 이마위치 선정 – 패턴지씌운다 – 가르마선 결정 – 테이프작업

**31.** 가모선택의 중요성에 대한 설명이 아닌 것은?

① 가벼움　　② 환기성
③ 스타일　　④ 편리한 관리

**32.** 가모관리요령에 대한 설명으로 잘못된 것은?

① 가모 보관은 햇빛이 들어온 곳에 둔다
② 빗질은 끝에서부터 조금씩 천천히 한다
③ 통풍이 잘되는 곳에 보관한다.
④ 가급적 잦은 염색과 잦은 퍼머를 피해야 한다

**33.** 인모가모 샴푸방법에 대한 설명으로 틀린 것은?

① 샴푸를 가모에 뿌린다
② 미지근한 물을 사용한다
③ 가모를 담구어 조물조물 주무른다
④ 머릿결 방향으로 브러쉬로 빗어준다

**34.** 가모 부착 방법이 아닌 것은?

① 수제기법　　② 클립형
③ 실크부착형　　④ 양면테이프

**35.** 상담자로서의 역할에 대한 설명이다. 잘못된 것은?

① 상담카드 작성　　② 두피 및 탈모상태 파악
③ 가모의 장점소개하기　　④ 헤어스타일 연출하기

**36.** 얼굴 스타일에 따른 헤어스타일이 잘못 연결된 것은?

① 둥근얼굴- 프린지나 크라운 부분에 높이을 더해준다
② 장방형얼굴- 디자인의 이마부분을 강조한다
③ 역삼각형 얼굴- 아랫부분을 넓게 보이도록 한다
④ 정사각형 얼굴-높이를 더해주고 부드러운 곡선모양을 연출한다

**37.** 고열사에 대한 설명이다 다른 것은?

① 온도에 저항력이 있어 손질이 어렵다
② 170~210 의 열에 강하다
③ 매직기, 드라이어가 가능하다
④ 순수 한국산 원사로 사용된다

부록

**38.** 탈모의 원인이 아닌 것은?

① 임신과 출산　　② 수분부족
③ 호르몬의 영향　　④ 과도한 스트레스

**39.** 모발과 음식에 대한 설명으로 잘못된 것은?

① 철, 아연이 필요하다
② 여러종류의 아미노산을 포함한 단백질섭취
③ 등푸른 생선, 다시마와 미역등은 두피 모발에좋다
④ 탄수화물식품, 술, 담배등은 유해하지 않다

**40.** 서양가모의 컬러에 대한 설명이다. 아닌 것은?

① 서양가모의 색상은 검은색을 가장 많이 사용하였다.
② 12세기경에는 빨강, 파랑, 노랑, 초록등 여러색을 많이 사용
③ 헤나 염료나 인디고 등으로 염색하였다.
④ 가모색은 진한 청색 또는 황금색이 많았다

**41.** 서양가모의 역사에 대한 설명으로 다른 것은?

① 가모공업이 90년대 성행하였다
② 부유층은 인모로 만든 가모를 착용하여 외관상의 신분을 결정하였다.
③ 프랑스에서 200여명의 가발쟁이가 생겼다
④ 고대 이집트에서 처음으로 가모를 사용하였다

**42.** 한국 가모의 역사에 대한 설명이다. 다른 것은?

① 신라 성덕왕 때에 다리를 예물로 가져가게 하였다.
② 한국의 가모공업은 80년대 성행하였다
③ 조선 정조때 다리 값이 금값처럼 비싸다고 한다
④ 현재 가모공업이 성행하고 있으며 외국보다 우수하다고 할 수 있다

**43.** 한국 가모의 역사에 대한 설명이 아닌 것은?

① 사대부가 여인들에겐 사치의 상징이 되지 않았다.
② 고분벽화에서 볼 수 있는 여인도의 머리모양은 다리를 이용한 얹은머리라고 고증한다
③ 조선 정조때 다리 값이 금값처럼 비싸고 영조때 가체금지령을 내렸다
④ 무속신앙에 표현된 머리형태는 주로 조선시대머리 형태이다

**44.** 탈모방지에 좋은 음식으로 짝지은 것이 아닌 것은?

① 버섯, 커피 ② 달걀노른자, 호두
③ 콩, 찹쌀 ④ 두부, 우유

**45.** 여성용 가모을 설명하였다. 이상적인 여성가모가 아닌 것은?

① 형상 기억성질로 드라이나 세팅기가 필요 없다.
② 무거운 것이 좋은 가모이다
③ 스타일링에 많은 시간이 필요하지 않다
④ 매일 세탁 하지 않아도 된다

**46.** 두피모발 상태에 따른 진단이 잘못된 것은?

① 유전적인 요인이므로 열심히 관리프로그램을 설정한다.
② 모발, 두피상태를 파악한다.
③ 모근이 정상인지 파악한다
④ 탈모의 유형과 상태를 파악한다

**47.** 고객을 대할 때의 예절과 관계가 없는 것은?

① 상대방의 마음을 읽고 고객보다 한발 앞서 얘기하며 손님을 이끌도록 한다.
② 전문가로서 고객에게 친절로서 대한다.
③ 전화예절은 관리사의 인격과 관리실의 수준을 높이고 고객이 평을 할 수 있다.
④ 훌륭한 언어를 사용하고 예의 있게 행동한다.

**48.** 상담시 내담자의 마음을 열도록 도와주는 항목이 아닌 것은?

① 공감대 형성 ② 시비가리기 ③ 경청 ④ 친밀감

**49.** 상담실에 대한 설명 중 다른 것은?

① 독립된 공간 ② 온화한 분위기 연출
③ 화려한 실내장식 ④ 조용하고 안락함

**50.** 좋은 가모의 조건이 아닌 것은?

① 통풍이 좋을 것 ② 착용감이 가벼울것
③ 브랜드가 고가 일 것 ④ 건조와 스타일 내기가 쉬운 것.

**51.** 멜라닌 색소에 대한 설명으로 다른 것은?

① 백발의 진행과정은 후두부에서 시작하여 정수리 측면으로 진행한다.
② 모모세포 위에 있는 색소형성세포 중 티로신을 기본물질로 한다.
③ 백발은 멜라노사이트에서 멜라닌의 생성이 정지하기 때문에 일어난다.
④ 백발은 일종의 노화현상이다.

**52.** 탈모시장에 대해서 올바른 것은?

① 탈모 시장 감소
② 탈모는 좋은 샴푸사용으로 예방이 가능하다
③ 탈모인구증가
④ 두피문제가 심하더라도 가발을 사용하면 문제없다

**53.** 가모 관리 방법 중 샴푸 방법으로 옳은 것은?

① 가모 샴푸 시 수건으로 물기를 비벼준다
② 가모 샴푸시 두 손으로 비벼 샴푸 한다
③ 가모 샴푸 시 비누로 한다
④ 가모 샴푸 시 샴푸 후 린스나 트리트먼트를 사용한다

**54.** 고객제품 완성 후 상담 방법으로 틀린 것은?

① fitting후 반드시 고객 차트에 진행상황을 꼼꼼하게 체크한다.
② 주기적으로 고객이 내방할 수 있도록 하여 손상되는 모발이나 fitting에 문제를 관리한다.
③ 현재 스타일과 본인이 원하는 스타일 화상으로 보관한다.
④ 완성된 제품은 고객에게 떠나 있으므로 그에 따른 홈 케어 과정은 중요하지 않다.

**55.** 패턴에 의해 완성된 가모의 컷트 방법으로 잘못된 것은?

① 완성된 제품을 규격서와 패턴을 비교하여 확인한다.
② 목형에 중심을 맞추어 제품을 핀으로 고정시키고 드라이 컷트한다.
③ 목형에 중심을 맞추어 제품을 핀으로 고정시키고 스프레이로 제품을 적셔준다.
④ 패턴작업 할 때 상기하며 고객이 원하는 스타일에 맞도록 cutting을 한다.

**56.** 가모의 원사특징으로 인모에 대한 설명이다. 연결이 잘못된 것은?

① 인모의 원산지는 중국모와 인도모가 있다
② 인도인 모는 유럽인 모발과 굵기, 감촉이 유사하다
③ 중국인 모는 한국인 모발과 굵기, 감촉이 유사하다
④ 인도네시아인의 모발은 한국인 모발과 흡사한 것이 특징이다.

**57.** 가모 컷트 시 잘못된 것은?

① 완성된 제품을 규격서와 패턴을 비교하여 확인 후 커트를 한다
② 목형에 중심을 맞추어 제품을 핀으로 고정시키고 스프레이로 제품을 적셔준다
③ 고객의 스타일에 맞게 커트를 하되 클립을 사용하여 고정을 시킨다
④ 가발 컷을 할시 패턴작업에 상관없이 스타일을 한다

**58.** 패턴 제작 시 체크해야 할 사항으로 틀린 것은?

① 고객의 머리모양과 개인별 탈모형태에 따른 패턴을 만든다.
② 머리카락의 굴기와 머리숱의 양도 중요하다.
③ 완성된 패턴 디자인이 올바르게 고객에게 맞게 되었는지 확인하지 않아도 된다.
④ 현재 남아있는 머리카락 컬러와 굵기를 일치시킨다.

**59.** 여성용 가모 설명 중, 이상적인 가모가 아닌 것은?

① 형상 기억성질로 드라이나 세팅기가 필요 없다.
② 자주세탁 하지 않아도 된다
③ 스타일링에 많은 시간이 필요하지 않다
④ 무거운 것이 좋은 가발이다

**60.** 모발의 성장을 촉진하는 모발의 주성분 영양소로 계란, 우유, 콩, 육류, 어류 등에 많이 포함 되어 있는 영양소는?

① 단백질　　② 지방
③ 비타민 C　　④ 칼슘

**61.** 가모패턴 시 탑 부분의 테이핑은 몇 회가 이상적인가?

① 1-2회　　② 2-3회
③ 4-6회　　④ 8-9회

**62.** 탈모와 호르몬과의 관계를 설명한 것들이다. 관계가 먼 것은?

① 리파아제　　② 갑상선호르몬
③ 성호르몬　　④ 뇌하수체 전엽

**63.** 일반 원사의 관리법에 대한 설명이다. 다른 것은?

① 가모의 머릿결이 상하였을 때는 린스나 트리트먼트를 미지근한 물에 희석한다

② 가모는 뒤집어서 수건으로 꾹꾹 눌러물기를 제거한다.

③ 가모는 자연건조보다는  드라이로 말려준다.

④ 보관할 때는 핸드 손질로 정리한 후 망에 씌워 거치대에 걸어 둔다.

**64.** 탈모를 예방하는 생활습관 중 올바르지 않은 것은?

① 올바른 식습관을 유지한다.　② 스트레스를 풀어준다

③ 물은 많이 마신다.　④ 수면과는 상관이 없다.

**65.** 탈모의 전조현상이다. 틀린 것은?

① 모발이 잘 자란다

② 팔, 다리, 가슴 등에 털이 많아진다.

③ 두피에 기름이 많아지고 지저분해진다.

④ 모발이 가늘어진다

**66.** 두발 샴푸시 마사지와 거품을 낼 때 사용하는 손가락의 부위는?

① 손가락 지문　② 엄지손가락

③ 손바닥　④ 손톱

**67.** 탈모의 원인은 여러 가지 요인이 있다. 현대인들은 더욱 조기탈모의 현상을 보이고 있다. 탈모 원인이 아닌 것은?

① 규칙적인 운동　② 스트레스

③ 유전적요인　④ 환경호르몬

**68.** 탈모상태나 진행상황의 두피를 진단하는 방법은 여러 가지가 있다. 이 중 올바르지 않는 것은?

① 진단기로 측정한다.
② 고객의 모발과 두피를 손으로 만져본다.
③ 혈액검사를 한다
④ 고객과의 면담을 통해서

**69.** 가모의 망의 종류가 아닌 것은?

① 부드러운 모노망은 통풍성이 좋다
② 독일망은 국산망에 비해 내구성이 뛰어나고 가볍다
③ 슈퍼 월드 모노망은 내구성을 높여 잘 찢어진다.
④ 그물망은 구멍이 커서 통풍이 잘된다.

**70.** 모발형태 중 매우 강한 곱슬머리이며 흑인의 모발인 것은?

① 직모 ② 파상모 ③ 축모 ④ 연모

**71.** 두피모발에 좋은 음식들을 바르게 배열한 것들은?

① 콩, 삼겹살, 장어, 양념치킨
② 검은콩, 검정깨, 미역, 생야채
③ 치즈, 보리쌀, 오징어튀김, 떡볶이
④ 햄버거, 피자, 야채가 많이 든 샌드위치

**72.** 백모에 대해서 설명한 것 중 다른 하나는?

① 백모는 색소의 이상이나 노화현상이다.
② 보통 측두부, 두정부, 후두부 순으로 진행된다.
③ 펌과 염색이 잘 되지 않는다.
④ 멜라닌 생성속도가 빨라진다.

**73.** 고정식 부착방법의 장점이 아닌 것은?

① 안정성　　② 가모의 수명이 길어진다
③ 자연스러움　　④ 샤워, 수영, 샴푸가능

**74.** 가모 패턴 제작시 선택해야할 것 중 다른 것은?

① 성격　　② 고객의 탈모형태
③ 나이　　④ 개성

**75.** 헤어클립의 장단점에 대한 설명으로 다른 것은?

① 가장 많이 이용되고 있다.
② 클립형가모는 중 장년층에 적합한 제품이다
③ 때와 장소에 따라 마음대로 탈부착이 용이하다
④ 클립형가모는 젊은층에 적합한 제품이다

**76.** 모발손상의 요인 중 화학적 요인이 아닌 것은?

① 펌　　② 유전적　　③ 염색　　④ 탈색

**77.** 가모의 머리를 심는 작업을 무엇이라 하는가?

① 증모　　② 정모
③ 부착　　④ 수제(네팅)기법

**78.** 두개골의 종류에 해당되지 않는 것은?

① 전두골　　② 접형골
③ 측두골　　④ 하악골

**79.** 모발의 구조에 관한 사항으로 적당하지 않은 것은?

① 모발은 케라틴이라고 하는 경단백질이다
② 모발의 중심부에 있는 수질은 기포가 있는 정육면체 세포가 연결된 것이다
③ 모근은 모낭 속에 있으며 표피, 피질, 수질의 세부분으로 이루어진다
④ 피지세포는 케라틴 섬유가 대부분이다

**80.** 두피를 구성하는 뼈의 종류이다. 아닌 것은?

① 두정골 ② 전두골 ③ 백회골 ④ 아킬레스건

**81.** 모발내의 결합들을 말한다. 다른 하나는?

① 펩티드 결합 ② 이온결합
③ 시스틴결합 ④ 산소결합

**82.** 세포가 기저층에서 각질층으로 생성되어 각질 세포가 떨어지는 건강한 사람의 세포주기는?

① 7일 ② 28일 ③ 50일 ④100일

**83.** 고객을 대할 때의 예절과 관계가 없는 것은?

① 전문가로서 고객에게 친절로서 대한다.
② 전화예절은 관리사의 인격과 관리실의 수준을 높이고 고객이 평을 할 수 있다.
③ 훌륭한 언어를 사용하고 예의 있게 행동 한다
④ 상대방의 마음을 읽고 고객보다 한발 앞서 얘기 하며 손님을 이끌도록 한다.

**84.** 가모 관리 및 샴푸 방법 중 틀린 것은?

① 노폐물을 제거 해준다.

② 장기 보관 시, 통풍이 잘 안되고 밝은 곳에 보관한다.

③ 건조는 태양빛 보다는 수건과 자연풍 또는 냉풍으로 해준다.

④ 드라이는 약한 바람으로 해준다.

**85.** 상담 시 내담자의 마음을 열도록 도와주는 항목이 아닌 것은?

① 신중히 자세히 듣는다.
② 공감대를 형성시켜 준다
③ 경청한다.
④ 내담자의 잘못을 따진다.

**86.** 한국역사상 가모가 가장 성행했던 시대는?

① 상고시대
② 고려시대
③ 삼국시대
④ 조선시대

**87.** 모발의 기능이 아닌 것은?

① 외부의 자극으로부터 보호기능

② 중금속 저장기능

③ 감각기능

④ 미에 대한 다양한 욕구를 충족시켜주는 기능

**88.** 비듬이 있는 지성두피에 탈모가 진행되는 것을 관리하려고 한다. 가장 먼저 관리를 해야 하는 것은?

① 기름기 많은 모근
② 탈모문제
③ 비듬제거
④ 피지제거

부록

**89.** 탑 가모의 퍼머 하는 방법이다. 좋은 것은?

① 롯드를 이용하는 방법 ② 트위스트 펌
③ 볼륨매직 ④ 호일 펌

**90.** 두피기능에 대한 설명으로 해당되지 않은 것은?

① 배설작용 ② 호흡작용
③ 체온조절 ④ 대사작용

**91.** 인모로된 가모을 세정하고자 한다. 기본적으로 모발이 빠지는 것을 방지하기 위해서 어떤 샴푸를 사용하는 것이 좋은가?

① 플레인 샴푸 ② 리퀴드 드라이 샴푸
③ 산성샴푸 ④ 약용샴푸

**92.** 가모샴푸 후 드라이 방법으로 옳은 것은?

① 매직기로 말린다 ② 따뜻한 바람으로 말린다
③ 찬바람으로 말린다 ④ 수건으로 말린다

**93.** 가모 빗질을 하려고 한다. 이에 적당한 브러쉬는?

① 나일론 브러쉬 ② 쿠션 브러쉬
③ 벤트 브러쉬 ④ 철 브러쉬

**94.** 가모 레저 커트 방법으로 옳은 것은?

① 드라이 커트를 한다
② 스트록 커트를 한다
③ 클립퍼 커트를 한다
④ 물을 충분히 적신 후 커트를 한다

**95.** 암환자의 가모로서 이상적인 것은?

① 전두용 가발 ② 탑 클립식 가발
③ 탑 접착식 가발 ④ 패션가발

**96.** 가모염색을 할 때 50대 대머리용 색상으로 적당한 것은?

① 밝은 황갈색 ② 갈색
③ 어두운 적갈색 ④ 탈색

**97.** 클립형 가모의 단점에 대하여 올바른 것은?

① 본인 머리를 밀지 않고 사용이 용이하다
② 땀이 많은 사람에게 편리하다
③ 가모을 처음 사용하는 고객이 사용하기에 용이하다
④ 장기간 사용 시 견인성 탈모가 일어날 수 있다

**98.** 패턴 제작시 가장 바람직한 방법은?

① 테이핑시 테잎이 잘못 붙혔을 경우 떼고 다시 시행한다
② 패턴을 머리에서 뗀 후 가르마나 망을 그려 넣는다
③ 패턴이 끝난 후 가위로 오릴 때는 가장자리를 남기지 말아야 깨끗하다
④ 패턴은 고객을 위해 가능한 짧은 시간에 끝내는 것이 좋다

**99.** 가모 역사에 대한 설명이다. 내용 중 맞는 것은?

① 60-70년대 우리나라 가발은 섬유, 합판과 함께 효자상품이었다
② 60-70년대 가발은 제조업보다 서비스 매장이 성행하였다
③ 현재 가발시장은  다양한 업체의 자율경쟁이다
④ 현재 가발 제조업체는 대부분 서울에 있다

**100.** 가모 상담 시 필요 <u>없는</u> 것은?

① 컬러링 ② 모량 ③ 모방향 ④ 패턴종류

## 답안지

| 01 | 02 | 03 | 04 | 05 | 06 | 07 | 08 | 09 | 10 |
|---|---|---|---|---|---|---|---|---|---|
| ③ | ④ | ④ | ③ | ③ | ③ | ② | ② | ② | ③ |
| **11** | **12** | **13** | **14** | **15** | **16** | **17** | **18** | **19** | **20** |
| ④ | ④ | ② | ④ | ③ | ② | ④ | ④ | ④ | ④ |
| **21** | **22** | **23** | **24** | **25** | **26** | **27** | **28** | **29** | **30** |
| ② | ① | ① | ③ | ② | ② | ① | ② | ④ | ③ |
| **31** | **32** | **33** | **34** | **35** | **36** | **37** | **38** | **39** | **40** |
| ③ | ① | ① | ① | ④ | ② | ① | ② | ④ | ④ |
| **41** | **42** | **43** | **44** | **45** | **46** | **47** | **48** | **49** | **50** |
| ① | ② | ① | ① | ② | ① | ① | ② | ② | ③ |
| **51** | **52** | **53** | **54** | **55** | **56** | **57** | **58** | **59** | **60** |
| ① | ③ | ④ | ④ | ③ | ④ | ④ | ③ | ④ | ① |
| **61** | **62** | **63** | **64** | **65** | **66** | **67** | **68** | **69** | **70** |
| ③ | ① | ③ | ④ | ① | ① | ① | ③ | ③ | ② |
| **71** | **72** | **73** | **74** | **75** | **76** | **77** | **78** | **79** | **80** |
| ② | ④ | ② | ① | ④ | ② | ④ | ④ | ② | ④ |
| **81** | **82** | **83** | **84** | **85** | **86** | **87** | **88** | **89** | **90** |
| ④ | ② | ③ | ② | ④ | ④ | ② | ③ | ③ | ④ |
| **91** | **92** | **93** | **94** | **95** | **96** | **97** | **98** | **99** | **100** |
| ② | ③ | ④ | ④ | ① | ③ | ④ | ④ | ① | ② |

## 가모관리사(2급) 예상문제지

**01.** 고객을 대할 때의 예절과 관계가 없는 것은?

① 전문가로서 고객에게 친절로서 대한다.

② 고객의 신분과 직위에 관계없이 탈모증이 있는 상태라고 생각하면서 상담을 한다.

③ 고객과 동등한 입장에서 이해를 시켜준다.

④ 상대방의 마음을 읽고 고객보다 한발 앞서 얘기 하며 손님을 이끌도록 한다.

**02.** 상담자의 자세로 올바른 것은?

① 일반적으로 가르친다.

② 상담을 통해 원인을 찾아 방법을 제시한다.

③ 자신이 판단하고 결정짓는다.

④ 상대방 말에 쉽게 동화한다.

부록

**03.** 고객카드 작성시 신상기록에 관련한 설명으로 다른 것은?

① 연령　② 결혼유무(출산)

③ 컴퓨터사용기간　④ 직업과 담당업무

**04.** 상담방법에 대한 내용 중 거리가 먼 것은?

① 전문가로서 고객에게 친절로서 대한다.

② 상대방에게 억양을 높이거나 자기 주장 대로 이끌어 나간다

③ 전화예절은 관리사의 인격과 관리실의 수준을 높이고 고객이 평을 할 수 있다.

④ 설명하는 속도는 발음을 정확히 하고 온화한 인상을 주도록 노력한다.

**05.** 상담시 내담자의 마음을 열도록 도와주는 항목이 아닌 것은?

① 경청 ② 공감대 형성
③ 시비가리기 ④ 친밀감

**06.** 상담실에 대한 설명 중 다른 것은?

① 독립된 공간 ② 화려한 실내장식
③ 온화한 분위기 연출 ④ 조용하고 안락함

**07.** 다음 중 관리실의 발전을 위한 가장 좋은 방법은?

① 신문광고 ② TV광고
③ 고객만족 ④ 옥외광고

**08.** 상담 시 내담자의 마음을 열도록 도와주는 항목이 아닌 것은?

① 신중히 자세히 듣는다. ② 공감대를 형성시켜 준다
③ 경청한다. ④ 내담자의 잘못을 따진다.

**09.** 가모 상담 시 필요 없는 것은?

① 모량 ② 코팅
③ 모방향 ④ 패턴종류

**10.** 상담자로서의 역할에 대한 설명이다. 잘못된 것은?

① 상담카드 작성 ② 헤어스타일 연출하기
③ 가모의 장점소개하기 ④ 두피 및 탈모상태 파악

**11.** 고객제품 완성 후 상담 방법으로 틀린 것은?

① fitting후 반드시 고객 챠트에 진행상황을 꼼꼼하게 체크한다.
② 주기적으로 고객이 내방할 수 있도록 하여 손상되는 모발이나 fitting에 문제를 관리한다.
③ 현재 스타일과 본인이 원하는 스타일 화상으로 보관한다.
④ 완성된 제품은 고객에게 떠나 있으므로 그에 따른 홈 케어 과정은 중요하지 않다.

**12.** 가모의 종류가 아닌 것은?

① 붙임머리 ② 고열사
③ 인모 ④ 인조모

**13.** 가모의 개념에 대한 설명이다. 다른 것은?

① 남의 머리털로 다양한 머리모양을 만들어서 사용하는 것
② 현재 남녀 모두 사용하는 부분가발과 패션가발, 통가발이 있다.
③ 한국에서 사용되었던 가체는 아니다.
④ 가발은 개인의 특성에 맞게 만드는 맞춤가발이 있다

부록

**14.** 인모에 대한 설명이다 다른 것은?

① 퍼슨의 인모는 엉키고 빠지는 단점을 보완하였다.
② 인모는 머리카락이 생모와 같이 윤기가 난다.
③ 인모는 자연스럽다
④ 인모의 종류는 다양하게 사용할 수 없다

**15.** 인조모에 대한 설명으로 다른 것은?

① 인조모는 화학섬유로 만들었으며 머리카락과 흡사하다

② 자외선에 노출되어 수명이 짧고 끝이 갈라지는 현상이 발생한다
③ 인조모는 염색을 할 수 있다
④ 인조모는 비용이 인모에 비해 저렴하다

**16.** 가모관리사의 필요성과 목적에 대한 설명으로 다른 것은?

① 뷰티산업 분야가 요구하는 전문 인력들이 배출되고 가모시장이 활발해지고 있다.
② 가모는 뷰티 산업에 많은 기여를 하지 않는다.
③ 가모시장이 이슈화되고 발전되고 있는 양상으로 가모는 두피탈모의 마지막 해결책이다
④ 가모산업이 전개됨에 따라 전문 인력이 많이 요구되고 있다.

**17.** 가모관리사는 많은 역할을 한다. 아닌 것은?

① 전문가로서의 역할
② 서비스인으로서의 역할
③ 상담자로서의 역할
④ 두피관리사로서의 역할

**18.** 가모관리사에 대한 설명이다. 아닌 것은?

① 두피탈모의 문제점을 보완할 수 없다.
② 이론과 기술을 겸비한 가모전문인
③ 가모상담하고 관리하는사람
④ 가모 보수등을 관리하고 제조하는 사람

**19.** 가모관리 시장의 현황과 전망에 따른 변화이다. 아닌 것은?

① 대중시장의 변화
② 미용시장의 변화
③ 온라인 오프라인의 변화
④ 두피시장의 변화

**20.** 가모시장의 현황과 미래전망이다. 아닌 것은?

① 1960년대 세계시장의 90~95%을 점유했다.

② 1980년대 노사분규와 더불어 임금상승 등으로 가모시장은 사양산업이다.

③ 가모를 선택하는 소비자들이 늘어남에 따라 소재개발과 디자인이 다양화되고 있다.

④ 가모는 사회적 인식 때문에 착용하지 않는다.

**21.** 온라인 오프라인에 대한 설명이다. 아닌 것은?

① 가모시장의 점유율이 급속도로 증가하는 추세

② 20세의 가모 인구 증가

③ 가모시장의 점유율이 감소하는 추세

④ 패션가모를 선호하고 있는 추세

**22.** 다음은 패턴 제작 시 필요한 재료가 아닌 것은?

① 패턴비닐　　② 패턴 테잎

③ 레드 테잎　　④ 삼색 펜

**23.** 스킨몰드 제작 과정에 대한 순서가 맞는 것은?

① 두상스케치 – 이마위치 선정 – 패턴지 씌운다 – 테이프작업

② 두상스케치 – 패턴지씌운다 – 이마위치선정 – 테이프작업

③ 두상스케치 – 이마위치 선정 – 좌우 포인트그려준다 – 가르마선 결정 – 테이프작업

④ 두상스케치 – 이마위치 선정 – 패턴지씌운다 – 가르마선 결정 – 테이프작업

**24.** 가모선택의 중요성에 대한 설명이 아닌 것은?

① 스타일 ② 환기성
③ 가벼움 ④ 편리한 관리

**25.** 가모관리요령에 대한 설명으로 잘못된 것은?

① 가모 보관은 햇빛이 들어온 곳에 둔다
② 빗질은 끝에서부터 조금씩 천천히 한다
③ 통풍이 잘되는 곳에 보관한다.
④ 가급적 잦은 염색과 잦은 퍼머를 피해야 한다

**26.** 가모 부착 방법이 아닌 것은?

① 실크부착형 ② 클립
③ 수제기법 ④ 양면테이프

**27.** 고정식 부착방법의 장점이 아닌 것은?

① 안정성 ② 샤워, 수영, 샴푸가능
③ 자연스러움 ④ 가모의 수명이 길어진다

**28.** 가모 패턴 제작 시 선택해야할 것 중 다른 것은?

① 고객의 탈모형태 ② 개성
③ 나이 ④ 성격

**29.** 가모 탑 패턴 시 테이핑은 몇 회가 이상적인가?

① 1–2회 ② 2–3회
③ 4–6회 ④ 8–9회

**30.** 인모가모 샴푸방법에 대한 설명으로 틀린 것은?

① 미지근한 물을 사용한다
② 샴푸를 가모에 뿌린다
③ 가모를 담구어 조물조물 주무른다
④ 머릿결 방향으로 브러쉬로 빗어준다

**31.** 건강한 모발을 위한 홈케어(homecare)샴푸 방법으로 잘못된 것은?

① 샴푸는 하루 한번으로 늘 청결함을 유지한다.
② 샴푸는 손가락 끝(지문)으로 두피를 밀어내듯이 마사지한다.
③ 린스는 두피에 충분히 바르고 마사지 하여 혈액순환과 영양을 돕는다.
④ 마지막에는 찬물로 마무리해 혈액순환을 돕는다.

**32.** 가모 관리 및 샴푸 방법 중 틀린 것은?

① 장기 보관시, 통풍이 잘 안되고 밝은 곳에 보관한다.
② 노폐물을 제거 해준다.
③ 건조는 태양빛 보다는 수건과 자연풍 또는 냉풍으로 해준다.
④ 드라이는 약한 바람으로 해준다.

**33.** 인모와 인조모의 차이점이 잘못 연결된 것은?

① 인모는 감촉이 부드럽고 열에 강하다
② 인조모는 열에 약하고 고온에서 드라이어를 할수 없다
③ 인조모는 염색하기 어렵다.
④ 인모는 원하는 색상이나 웨이브등을 조절 할수 없다

부록

**34.** 가모 착탈식 클립형에 대한 설명이다. 다른 것은?

① 장년층과 땀이 많은 사람에게 적합하다
② 본인이 원할 때 언제든지 탈착이 가능하다
③ 벗겨질 우려가 없다
④ 금속 알레르기 있는사람은 주의해야 한다

**35.** 고열사에 대한 설명이다 다른 것은?

① 순수 한국산 원사로 사용된다
② 170~210 의 열에 강하다
③ 매직기, 드라이어가 가능하다
④ 온도에 저항력이 있어 손질이 어렵다

**36.** 좋은 가모의 조건에 대한 설명으로 다른 것은?

① 통풍이 잘되며 땀 흡수가 잘된다
② 착용감이 가볍고 편안하여야 한다
③ 반듯이 헤어드라이어를 사용해야 한다
④ 장시간 착용하여도 두피에 염증이나 트러블이 없어야 한다

**37.** 모발의 색상에 결정적인 역할을 하는 구성성분은 무엇인가?

① 케라틴 ② 멜라닌
③ 큐티클 ④ 아미노산

**38.** 탑 가모의 퍼머 하는 방법으로 좋은 것은?

① 롯드를 이용하는 방법 ② 트위스트 펌
③ 매직 ④ 호일 펌

**39.** 인모 가발을 세정할 때 기본적으로 모발이 빠지는 것을 방지하기 위해서 어떤 샴푸를 사용하는 것이 좋은가?

① 플레인 샴푸 ② 산성샴푸
③ 리퀴드 드라이 샴푸 ④ 약용샴푸

**40.** 가모샴푸 후 드라이 방법으로 옳은 것은 ?

① 찬바람으로 말린다 ② 따뜻한 바람으로 말린다
③ 매직기로 말린다 ④ 수건으로 말린다

**41.** 가모 빗질 시 브러쉬로 적당한 것은?

① 나일론 브러쉬 ② 쿠션 브러쉬
③ 벤트 브러쉬 ④ 철 브러쉬

**42.** 위그 레저 커트 방법으로 옳은 것은?

① 드라이 커트를 한다
② 스트록 커트를 한다
③ 클리퍼 커트를 한다
④ 물을 충분히 적신 후 커트를 한다

**43.** 소아암환자의 가모로서 이상적인 것은?

① 패션가모 ② 탑클립식 가모
③ 탑 접착식 가모 ④ 전두용 가모

**44.** 60대 대머리용 가모염색 색상으로 적당한 것은?

① 밝은 황갈색 ② 갈색
③ 어두운 적갈색 ④ 탈색

**45.** 클립형 가모의 단점에 대하여 옳은 것은?

① 가모를 처음 사용하는 고객이 사용하기에 용이하다
② 땀이 많은 사람에게 편리하다
③ 본인 머리를 밀지 않고 사용이 용이하다
④ 장기간 사용 시 견인성 탈모가 일어날 수 있다

**46.** 패턴 제작시 가장 바람직한 방법은?

① 테이핑시 테잎이 잘못 붙혔을 경우 떼고 다시 시행한다
② 패턴을 머리에서 뗀 후 가르마나 망을 그려 넣는다
③ 패턴이 끝난 후 가위로 오릴 때는 가장자리를 남기지 말아야 깨끗하다
④ 패턴은 고객을 위해 가능한 짧은 시간에 끝내는 것이 좋다

**47.** 가모 역사 내용 중 맞는 것은?

① 60-70년대 우리나라 가모는 섬유, 합판과 함께 효자상품이었다
② 60-70년대 가모는 제조업보다 서비스 매장이 성행하였다
③ 현재 가모시장은  다양한 업체의 자율경쟁이다
④ 현재 가모 제조업체는 대부분 서울에 있다

**48.** 한국역사상 가모가 가장 성행했던 시기는 다음 중 어느 시대인가?

① 상고시대 ② 고려시대
③ 삼국시대 ④ 조선시대

**49.** 가모 관리 방법이다. 가모샴푸 방법으로 옳은 것은?

① 가모 샴푸시 두손으로 비벼 샴푸 한다
② 가모 샴푸시 수건으로 물기를 닦는다

③ 가모 샴푸시 비누로 샴푸 한다
④ 가모 샴푸시 샴푸 후 린스나 트리트먼트를 사용한다

**50.** 여성용 가모 설명이다. 이상적인 가모가 아닌 것은?

① 형상 기억성질로 드라이나 세팅기가 필요 없다.
② 자주세탁하지 않아도 된다
③ 스타일링에 많은 시간이 필요하지 않다
④ 무거운 것이 좋은 가모이다

**51.** 가장 활동적으로 세포분열이 일어나고 있는 세포층은?

① 각질층 ② 투명층 ③ 기저층 ④ 과립층

**52.** 40대 남성가모를 하려고 한다. 상담 후에 방법을 ?

① 붙임머리 ② 패턴제작 ③ 부착방법 ④ 수제기법

**53.** 좋은 가모의 조건이 아닌 것은?

① 통풍이 좋을 것 ② 착용감이 가벼울 것
③ 브랜드가 고가 일 것 ④ 건조와 스타일 내기가 쉬운 것

**54.** 가모 컷트시 잘못된 것은?

① 완성된 제품을 규격서와 패턴을 비교하여 확인 후 커트를 한다
② 목형에 중심을 맞추어 제품을 핀으로 고정시키고 스프레이로 제품을 적셔준다
③ 고객의 스타일에 맞게 커트를 하되 클립을 사용하여 고정을 시킨다
④ 가모 커트 시 패턴작업에 상관없이 스타일을 한다

부록

**55.** 패턴 제작 시 체크해야 할 사항으로 틀린 것은?

① 고객의 머리모양과 개인별 탈모형태에 따른 패턴을 만든다.
② 머리카락의 굴기와 머리숱의 양도 중요하다.
③ 완성된 패턴 디자인이 올바르게 고객에게 맞게 되었는지 확인하지 않아도 된다.
④ 현재 남아있는 머리카락 컬러와 굵기를 일치시킨다.

**56.** 과도한 피지 분비가 원인이 되는 탈모증상은?

① 지루성 탈모 ② 원형탈모
③ 남성탈모 ④ 비듬성탈모

**57.** 서양가모의 역사에 대한 설명이다 아닌 것은?

① 가모 산업은 90년대 성행하였다
② 프랑스궁전에서도 가모 쓰는 것이 유행이었으며 200명의 가발장이를 수용했다
③ 이집트에서 처음으로 가모를 사용하였다
④ 분장용이나 장식품, 위엄을 나타내기 위하여 사용되었다

**58.** 모발의 화학결합에 대한 설명이다. 가모 헤어스타일링시 드라이에 사용되는 결합은?

① 수소결합 ② 펩타이드결합
③ 시스틴결합 ④ 염결합

**59.** 한국 가모의 역사에 대한 설명이 아닌 것은?

① 조선 정조 때 다리 값이 금값처럼 비싸고 영조 때 가체금지령을 내렸다

② 신라 성덕왕 때에 다리를 예물로 가져가게 하였다.
③ 조선시대 사대부가 여인들에겐 사치의 상징이 되지 않았다.
④ 무속신앙에 표현된 머리 형태는 주로 조선시대 머리 형태이다

**60.** 두피를 구성하는 뼈의 종류이다. 아닌 것은?

① 전두골 ② 두정골
③ 아킬레스건 ④ 백회골

**61.** 두개골의 역할이다 다른 것은?

① 23개의 뼈로 구성되어 있다.
② 외피, 두 개피, 두 개피하조직의 3층으로 구성되어있다.
③ 두개골막은 외계로부터 뇌를 보호하는 기관이다.
④ 두 개 외피는 표피와 진피로 구성되어 있지 않다.

**62.** 두개골의 종류에 속하지 않는 것은?

① 전두골 ② 접형골
③ 하악골 ④ 사골

**63.** 두피신경과 스트레스에 대한 설명으로 다른 것은?

① 두피신경은 이마, 뺨, 턱과 두개골이 있는 작은 구멍을 통해서 뇌 신경부터 제공된다
② 스트레스에 의한 반응은 자율신경이 균형을 잃고 혈관에 영향을 준다.
③ 아드레날린은 성적욕구와 배고픔이 없으며 뇌를 예민하게 한다
④ 장기간의 스트레스는 피로, 두통, 불감증, 탈모증세가 나타난다.

**64.** 두피의 구성에 대한 설명이다. 맞는 것은?

① 표피는 가장 바깥 내부조직을 보호해 주는 기능을 한다.

② 진피는 표피의 아래쪽에 있으며 세 개의 층으로 되어있다.

③ 피하조직은 표피의 아래쪽에 있다.

④ 피하조직은 외부충격에 약하다

**65.** 표피층에 대한 설명이다. 다른 것은?

① 표피는 각질층, 투명층, 과립층, 유극층, 기저층 순으로 되어있다.

② 기저층은 멜라닌색소와 색소형성세포가 없다

③ 유극층은 세포간교가 있어 인접세포들을 서로 연결된다.

④ 투명층은 얇고 투명한 층으로 되어있다.

**66.** 진피에 대한 설명이다. 다른 것은?

① 피부에 90%차지

② 유두층과 망상층으로 되어있다

③ 유두층은 기저층에 영양공급

④ 망상층은 모세혈관 망들이 집중되어있다.

**67.** 모발의 기능에 대한 설명으로 틀린 것은?

① 외부의 자극으로부터 보호기능

②장식의 기능

③ 미에 대한 다양한 욕구를 충족시켜주는 기능

④ 중금속 저장기능

**68.** 모발에 대한 설명이다. 다른 것은?

① 모발의 수량 약10~15만개

② 모발의 수량은 인종과 개인의 따라 다르다
③ 모발의 수명은 남자는 3~5년, 여자는 4~6년이다
④ 모발의 수명은 여자는 3~5년 남자는 3~5년이다

**69.** 모발의 성장주기에 대한 설명이다. 연결이 잘못된 것은?

① 성장기- 약 85~90%이고 성장하는 단계
② 퇴화기- 모발의 형태를 유지하면서 모모세포 분열이 저조하다
③ 휴지기-약 10~15%이며 3~4개월이다
④ 휴지기- 모낭과 모유두가 완전히 분리되어 성장이 지속된다.

**70.** 모발의 굵기에 따른 분류이다 다른 것은?

① 취모 ② 연모 ③ 직모 ④ 경모

**71.** 세포가 기저층에서 각질층으로 생성되어 각질 세포가 떨어지는 건강한 사람의 세포주기는?

① 28일 ② 50일 ③ 100일 ④ 7일

부록

**72.** 여성탈모의 특징이 아닌 것은?

① 정수리 부분부터 모발이 약해지기 시작한다
② 다른체모 턱수염,가슴털, 팔다리털 등이 많아진다
③ 일반적으로 25~30세부터 나타나기 시작한다
④ 앞머리가 둥글게 연모화된다

**73.** 탈모의 원인이 아닌 것은?

① 호르몬의 영향 ② 과도한 스트레스
③ 임신과 출산 ④ 수분부족

**74.** 모발과 음식에 대한 설명으로 잘못된 것은?

① 철, 아연이 필요하다

② 여러종류의 아미노산을 포함한 단백질섭취

③ 등푸른 생선, 다시마와 미역등은 두피 모발에 좋다

④ 탄수화물식품, 술, 담배등은 유해하지 않다

**75.** 모발 형태에 따른 분류이다 아닌 것은?

① 파상모　② 종모

③ 직모　④ 축모

**76.** 탈모방지에 좋은 음식으로 짝지은 것이 아닌 것은?

① 콩, 찹쌀　② 달걀노른자, 호두

③ 버섯, 커피　④ 두부, 우유

**77.** 두피 모발과 영양의 상관관계에 대한 설명이다. 이에 해당하는 것은?

① 비타민A　② 비타민

③ 미네랄　④ 무기질

**78.** 두피모발 상태에 따른 진단이 잘못된 것은?

① 모발, 두피상태를 파악한다.

② 유전적인 요인이므로 열심히 관리프로그램을 설정한다.

③ 모근이 정상인지 파악한다

④ 탈모의 유형과 상태를 파악한다

**79.** 멜라닌 색소에 대한 설명으로 다른 것은?

① 백발의 진행과정은 후두부에서 시작하여 정수리 측면으로 진행한다.
② 모모세포 위에 있는 색소형성세포 중 티로신을 기본물질로 한다.
③ 백발은 멜라노사이트에서 멜라닌의 생성이 정지하기 때문에 일어난다.
④ 백발은 일종의 노화현상이다.

**80.** 탈모시장에 대해서 올바른 것은?

① 탈모인구증가
② 탈모는 좋은 샴푸사용으로 예방이 가능하다
③ 탈모 시장 감소
④ 두피문제가 심하더라도 가발을 사용하면 문제없다

**81.** 비듬발생의 원인에 해당되지 않는 설명은?

① 강한 드라이의 열　② 화학약품
③ 오버프로세싱　④ 헤어팩

**82.** 모발과 열에 대한 설명이다. 가모 헤어스타일링시 주로 사용되는 열의 온도는?

① 120~140　② 160~180　③ 180~200　④ 200~220

**83.** 탈모상태나 진행상황의 두피를 진단하는 방법은 여러 가지가 있다. 이 중 올바르지 않는 것은?

① 혈액검사를 한다
② 고객의 모발과 두피를 손으로 만져본다.

③ 진단기로 측정한다.
④ 고객과의 면담을 통해서

**84.** 두피(scalp)의 기능에 대한 보호작용과 흡수작용 등이 있다. 두피기능에 대한 설명으로 올바르지 않은 것은?

① 배설작용 ② 호흡작용
③ 체온조절 ④ 대사작용

**85.** 여성형 탈모의 원인이 아닌 것은?

① 환경적인 요인보다 유전적인 요인이 크게 좌우한다
② 체내 호르몬의 균형이 깨지면서 나타난다
③ 수험생과 스트레스로 인한 증세로 나타난다
④ 피임약과 심한 다이어트로 안드로겐분비가 활성화되어 나타난다

**86.** 모발을 구성하는 주성분은 ?

① 케라틴 ② 헤모글로빈 ③ 멜라닌 ④ 칼슘

**87.** 주로 갈색이나 검은색을 나타내는 색소로 흑인이나 동양인의 피부색과 모발색을 결정하는 요소는 ?

① 티로신 ② 멜라노사이트
③ 페오멜라닌 ④ 유멜라닌

**88.** 지성두피의 특징으로 틀린 것은?

① 청색빛의 두피 ② 지루성 염증
③ 피지의 산화 ④ 가는모발

**89.** 탈모를 예방하는 생활습관 중 올바르지 않은 것은?

① 올바른 식습관을 유지한다.　② 스트레스를 풀어준다
③ 물은 많이 마신다.　④ 수면과는 상관이 없다.

**90.** 탈모의 전조현상이다, 틀린 것은?

① 모발이 가늘어진다
② 팔, 다리, 가슴 등에 털이 많아진다.
③ 두피에 기름이 많아지고 지저분해진다.
④ 모발이 잘 자란다.

**91.** 모발 샴푸시 마사지와 거품을 낼 때 사용하는 손가락의 부위는?

① 손톱　② 엄지손가락
③ 손바닥　④ 손가락 지문

**92.** 탈모의 원인은 여러 가지 요인이 있다. 현대인들은 더욱 조기탈모의 현상을 보이고 있다. 탈모 원인이 아닌 것은?

① 유전적요인　② 스트레스
③ 규칙적인 운동　④ 환경호르몬

**93.** 건강한 두피의 색은?

① 핑크빛　② 청백의 우유빛
③ 투명　④ 흰색

**94.** 모발형태 중 매우 강한 곱슬머리며 횡단면의 모양이 납작하고 흑인의 모발인 것은?

부록

① 직모　　② 파상모
③ 축모　　④ 연모

**95.** 두피모발에 좋은 음식들을 바르게 배열한 것들은?

① 콩, 삼겹살, 장어, 양념치킨
② 검은콩, 검정깨, 미역, 생야채
③ 치즈, 보리쌀, 오징어튀김, 떡볶이
④ 햄버거, 피자, 야채가 많이 든 샌드위치

**96.** 비듬이 있는 지성두피에 탈모가 진행되는 것을 관리하려고 한다. 가장 먼저 관리를 해야 하는 것은?

① 기름기 많은 모근　　② 탈모문제
③ 비듬제거　　④ 피지제거

**97.** 건성모발의 pH범위는?

① pH 4.5~.5　　② pH 8~9
③ pH 9~10　　④ pH 14

**98.** 모발손상의 요인 중 화학적 요인이 아닌 것은?

① 유전적　　② 펌　　③ 염색　　④ 탈색

**99.** 모발은 영양 상태나 유전적 요인 건강상태에 따라 다소차이가 있으나 평균 한달에 몇 센치가 자라는가?

① 0.5cm　　② 1cm~1.5cm
③ 1.5cm~3cm　　④ 5cm

**100.** 모발의 구조에 관한 사항으로 적당하지 않은 것은?

① 모발은 케라틴이라고 하는 경단백질이다

② 모발의 중심부에 있는 수질은 기포가 있는 정육면체 세포가 연결된 것이다

③ 모근은 모낭속에 있으며 표피, 피질, 수질의 세부분으로 이루어진다

④ 피지세포는 케라틴 섬유가 대부분이다

## 답안지

| 01 | 02 | 03 | 04 | 05 | 06 | 07 | 08 | 09 | 10 |
|---|---|---|---|---|---|---|---|---|---|
| ④ | ② | ③ | ② | ③ | ② | ③ | ④ | ② | ② |
| 11 | 12 | 13 | 14 | 15 | 16 | 17 | 18 | 19 | 20 |
| ④ | ② | ③ | ④ | ③ | ② | ④ | ① | ④ | ④ |
| 21 | 22 | 23 | 24 | 25 | 26 | 27 | 28 | 29 | 30 |
| ③ | ③ | ③ | ① | ① | ③ | ④ | ④ | ③ | ② |
| 31 | 32 | 33 | 34 | 35 | 36 | 37 | 38 | 39 | 40 |
| ③ | ① | ④ | ③ | ④ | ③ | ② | ① | ③ | ① |
| 41 | 42 | 43 | 44 | 45 | 46 | 47 | 48 | 49 | 50 |
| ④ | ④ | ④ | ③ | ④ | ④ | ① | ④ | ④ | ④ |
| 51 | 52 | 53 | 54 | 55 | 56 | 57 | 58 | 59 | 60 |
| ③ | ② | ③ | ④ | ③ | ① | ① | ① | ③ | ③ |
| 61 | 62 | 63 | 64 | 65 | 66 | 67 | 68 | 69 | 70 |
| ④ | ③ | ② | ① | ② | ④ | ④ | ④ | ④ | ③ |
| 71 | 72 | 73 | 74 | 75 | 76 | 77 | 78 | 79 | 80 |
| ① | ② | ④ | ④ | ② | ③ | ② | ② | ① | ① |
| 81 | 82 | 83 | 84 | 85 | 86 | 87 | 88 | 89 | 90 |
| ④ | ① | ① | ④ | ① | ① | ④ | ① | ④ | ④ |
| 91 | 92 | 93 | 94 | 95 | 96 | 97 | 98 | 99 | 100 |
| ④ | ③ | ② | ② | ② | ③ | ② | ① | ② | ② |

# 참고문헌


1. 가모관리학. 경춘사 2012. 채선숙외
2. 미용문화사. 경춘사 2016. 채선숙외
3. 쉽게 따라할 수 있는 우리머리 이야기. 경춘사 2016. 채선숙외
4. 남성커트& 스타일링 메디시언. 2020. 채선숙외
5. 미용학개론 고문사. 2010. 채선숙외
6. 교육부 NCS 헤어미용 교재 특수분야
7. 정화예술대학교 졸업작품전 도록
8. 핑크에이지 가발(www.pinkage.co.kr)
9. 한국우리머리연구소 이사님들 (도움주신분)